11-064 职业技能鉴定指导书

职业标准·试题库

电 能 表 修 校

（第二版）

电力行业职业技能鉴定指导中心　编

电力工程　营业用电专业

U0280177

中国电力出版社
www.cepp.com.cn

内 容 提 要

本《指导书》是按照劳动和社会保障部制定国家职业标准的要求编写的,其内容主要由职业概况、职业技能培训、职业技能鉴定和鉴定试题库四部分组成,分别对技术等级、工作环境和职业能力特征进行了定性描述;对培训期限、教师、场地设备及培训计划大纲进行了指导性规定。本《指导书》自2002年出版后,对行业内职业技能培训和鉴定工作起到了积极的作用,本书在原《指导书》的基础上进行了修编,补充了内容,修正了错误。

试题库是根据《中华人民共和国国家职业标准》和针对本职业(工种)的工作特点,选编了具有典型性、代表性的理论知识(含技能笔试)试题和技能操作试题,还编制有试卷样例和组卷方案。

《指导书》是职业技能培训和技能鉴定考核命题的依据,可供劳动人事管理人员、职业技能培训及考评人员使用,亦可供电力(水电)类职业技术学校和企业职业学习参考。

图书在版编目(CIP)数据

电能表修校 / 电力行业职业技能鉴定指导中心编. —2版.
北京:中国电力出版社,2009.7(2017.4重印)
职业技能鉴定指导书. (11-064)职业标准试题库.
营业用电专业
ISBN 978-7-5083-8760-4

Ⅰ. 电… Ⅱ. 电… Ⅲ. ①电度表-维修-职业技能鉴定-习题
②电度表-校验-职业技能鉴定-习题 Ⅳ. TM933.407-44

中国版本图书馆CIP数据核字(2009)第062010号

中国电力出版社出版、发行
(北京市东城区北京站西街19号 100005 http://www.cepp.com.cn)
航远印刷有限公司印刷
各地新华书店经售
*
2002年8月第一版
2009年7月第二版   2017年4月北京第二十一次印刷
850毫米×1168毫米 32开本 10.75印张 274千字
印数62001—63000册   定价21.00元

电力职业技能鉴定题库建设工作委员会

主　任　徐玉华

副主任　方国元　　王新新　　史瑞家　　杨俊平

　　　　　陈乃灼　　江炳思　　李治明　　李燕明

　　　　　程加新

办公室　石宝胜　　徐纯毅

委　员（按姓氏笔划为序）

　　　　　马建军　　马振华　　马海福　　王　玉

　　　　　王中奥　　王向阳　　王应永　　丘佛田

　　　　　李　杰　　李生权　　李宝英　　刘树林

　　　　　吕光全　　许佐龙　　朱兴林　　陈国宏

　　　　　季　安　　吴剑鸣　　杨　威　　杨文林

　　　　　杨好忠　　杨耀福　　张　平　　张龙钦

　　　　　张彩芳　　金昌榕　　南昌毅　　倪　春

　　　　　高　琦　　高应云　　奚　珣　　徐　林

　　　　　谌家良　　章国顺　　董双武　　焦银凯

　　　　　景　敏　　路俊海　　熊国强

第一版编审人员

编写人员　王作维　张　名　唐登平

　　　　　　马利人　陈　新　杨　芳

审定人员　陈林生　王洪鑫

第二版编审人员

编写人员（修订人员）

　　　　　　刘国跃　王亚利　王景荣

审定人员　刘　星　赵光艳　高雅娟

说 明

　　为适应开展电力职业技能培训和实施技能鉴定工作的需要，按照劳动和社会保障部关于制定国家职业标准，加强职业培训教材建设和技能鉴定试题库建设的要求，电力行业职业技能鉴定指导中心统一组织编写了电力职业技能鉴定指导书（以下简称《指导书》）。

　　《指导书》以电力行业特有工种目录各自成册，于1999年陆续出版发行。

　　《指导书》的出版是一项系统工程，对行业内开展技能培训和鉴定工作起到了积极作用。由于当时历史条件和编写力量所限，《指导书》中的内容已不能适应目前培训和鉴定工作的新要求，因此，电力行业职业技能鉴定指导中心决定对《指导书》进行全面修编，在各网省电力（电网）公司、发电集团和水电工程单位的大力支持下，补充内容，修正错误，使之体现时代特色和要求。

　　《指导书》主要由"职业概况"、"职业技能培训"、"职业技能鉴定"和"鉴定试题库"四部分内容组成。其中"职业概况"包括职业名称、职业定义、职业道德、文化程度、职业等级、职业环境条件、职业能力特征等内容；"职业技能培训"包括对不同等级的培训期限要求，对培训指导教师的经历、任职条件、资格要求，对培训场地设备条件的要求和培训计划大纲、培训重点、难点以及对学习单元的设计等；"职业技能鉴定"的依据是《中华人民共和国国家职业标准》，其具体内容不再在本书中重复；鉴定试题库是根据《中华人民共和国国家职业标准》所规定的范围和内容，以实际技能操作主线，按照选择题、判断题、简答题、计算题、绘图题和论述题六种题型进行选题，并以难易程度组合排列，同时汇集了大量电力生产建设过程中具有普遍代表性和典型性的实际操作试题，构成了各工种的技能鉴定试题库。试题库的深度、广度涵盖了本职业技能鉴定的全部内容。题库之后还附有试卷样例和组卷方案，为实施鉴定命题提供依据。

《指导书》力图实现以下几项功能：劳动人事管理人员可根据《指导书》进行职业介绍，就业咨询服务；培训教学人员可按照《指导书》中的培训大纲组织教学；学员和职工可根据《指导书》要求，制订自学计划，确立发展目标，走自学成才之路。《指导书》对加强职工队伍培养，提高队伍素质，保证职业技能鉴定质量将起到重要作用。

本次修编的《指导书》仍会有不足之处，敬请各使用单位和有关人员及时提出宝贵意见。

电力行业职业技能鉴定指导中心
2008 年 6 月

目 录

1 职业概况

1.1 职业名称

电能表修校工（11—064）。

1.2 职业定义

从事修理、调整、检定电能表和互感器的修校人员。

1.3 职业道德

热爱本职工作，刻苦训练基本功并钻研技术，遵守劳动纪律和各项规章制度，爱护工具设备，安全文明生产，艰苦朴素、团结互助、尊师爱徒。

1.4 文化程度

中等职业技术学校毕（结）业。

1.5 职业等级

本职业按照国家职业资格的规定，设为初级（国家五级）、中级（国家四级）、高级（国家三级）、技师（国家二级）和高级技师（国家一级）五个等级。

1.6 职业环境条件

室内作业。

1.7 职业能力特征

有检查、判断、分析、排除、修复 0.2 级及以下各类型的电能表、互感器及其试验装置的缺陷故障的能力，有对 0.1 级及以下各等级试验装置进行技术改造和革新的能力。

2 职业技能培训

2.1 培训期限

2.1.1 初级工：累计不少于 500 标准学时。

2.1.2 中级工：在取得初级职业资格的基础上，累计不少于 400 标准学时。

2.1.3 高级工：在取得中级职业资格的基础上，累计不少于 400 标准学时。

2.1.4 技师：在取得高级职业资格的基础上，累计不少于 500 标准学时。

2.1.5 高级技师：在取得技师职业资格的基础上，累计不少于 350 标准学时。

2.2 培训教师资格

2.2.1 具有中级及以上专业技术职称的工程技术人员和技师可担任初、中级培训教师。

2.2.2 具有高级专业职称的工程技术人员和高级技师可担任高级工、技师和高级技师的培训教师。

2.3 培训场地、设备

2.3.1 具备本职业（工种）基础知识培训的教室和教学设备。

2.3.2 具有基本技能训练的实习场所及实际操作训练设备。

2.3.3 具有交流电能表检定装置，电流、电压互感器检定装置，走字、耐压试验台，双目放大镜（40～100 倍），绕线机，投影仪，圆盘轴向跳动测量仪，修表工作台，钳工工作台，钟表车床和空气压缩机。

2.3.4 现场校表用设备、携带式三相电能表试验装置、互感器校验仪。

2.4 培训项目

2.4.1 培训目的：通过培训达到《职业技能鉴定规范》对本职业的知识和技能要求。

2.4.2 培训方式：以自学和脱产相结合的方式进行基础知识讲课和技能训练。

2.4.3 培训重点：

（1）基础知识、基本技能包括：学习安规，计量法规，交、直流电路，电磁感应，电子基础，一次设备及系统，继电保护和二次回路上工作的规定。

（2）专业知识、专门技能包括：计算机的应用，电能表的结构、工作原理及检修，电流、电压互感器原理，电能表检定装置原理，电能表现场试验，电能表的错误接线与更正，电能表检定装置的操作，电能表的调整与检定，电能表现场校验仪的使用，电能表各部元件的拆卸、清洗、修复、组装，电流、电压互感器的检定，电能表及互感器检定装置的测试，电能计量装置综合误差的测试。

2.5 培训大纲

电能表修校工培训大纲以模块组合（MES）——模块（MU）——学习单元（LE）的结构模式进行编写，其学习目标及内容见表 1，职业技能模块及学习单元对照选择见表 2，学习单元名称见表 3。

表 1　　　　　　　　　　培 训 大 纲

模块序号及名称	单元序号及名称	学习目标	学习内容	学习方式	参考学时
MU1 电能表修校工的职业道德	LE1 电能表修校工的职业道德及电力法规	通过本单元学习后，了解电能表修校工的职业道德规范，并能自觉遵守行为规范准则和电力法规的规定	1. 热爱祖国、热爱本职工作 2. 刻苦学习，钻研技术 3. 爱护设备、工具 4. 团结协作 5. 遵守纪律、安全文明 6. 遵师爱徒，严守岗位职责 7. 电力法规的内容	自学	6
MU2 计量知识	LE2 计量法及法定计量单位	通过本单元学习后，了解计量法及法定计量单位并能在实际的工作中自觉遵守执行	1. 中华人民共和国计量法 2. 计量、量值、计量检定、量值传递的定义或含义 3. 制定计量法的目的和宗旨 4. 采用国际单位制的意义 5. 有关计量器具的管理、检定的规定 6. 计量检定人员的条件和职责 7. 法定计量单位的构成及其与国际单位制的关系 8. 国际单位制中7个基本单位 9. 国际单位制辅助单位 10. 与磁计量专业有关的导出单位和组合形成的单位 11. 构成十进倍数和分数单位的常用词头	讲课与自学	10
MU3 电工基础及电力生产基本知识	LE3 电工基础	通过学习后，能掌握交直流电路、电磁感应、电子基础等基本电工原理并应用于实际工作中	1. 交、直流电路 2. 电场 3. 磁场 4. 电磁感应 5. 电子基础	讲课	10
	LE4 电力生产基本知识	通过本单元学习后，了解电力系统一、二次回路运行的基本知识并能在现场一、二次回路中开展计量测试工作	1. 电力生产过程的基本知识 2. 电业安全规程的有关规定 3. 一次设备及系统 4. 在继电保护、仪表等二次回路上工作的规定，计量检定管理的要求	自学	6

4

模块序号及名称	单元序号及名称	学习目标	学习内容	学习方式	参考学时
MU4 电能表的原理、修校调整及检定规程和微机的应用	LE5 计算机的应用	通过微机的学习后,掌握微机性能及使用方法,用于生产实际	1. 基本操作及技能 2. 微机管理 3. 打印试验报告	结合实际讲解与自学	60
	LE6 单相电能表的结构和工作原理	通过本单元学习后,了解单相电能表主要组成部分,掌握电能表转动部分转动原理及电能表简化相量图和转矩公式等理论知识,便于指导实际工作	1. 电能表的主要组成部分 2. 电能表的转动元件和转动原理 3. 电能表的简化相量图和转矩公式 4. 电能表的误差补偿装置	讲课	10
	LE7 三相电能表的结构和工作原理	通过本单元学习后,了解三相有功、无功电能表的结构,掌握三相有功、无功电能表的测量原理、相量图、转矩公式等理论知识,用于指导实际工作	1. 三相有功与无功电能表的结构 2. 三相有功与无功电能表的测量原理 3. 三相有功与无功电能表的接线方式 4. 三相有功与无功电能表相量图及转矩公式	讲课与自学	20
	LE8 电能表的拆卸	通过本单元学习后,掌握电能表的计度器,电磁元件,上、下轴承,永久磁钢等主要元件的拆、卸方法用于生产实际	1. 计度器的拆、卸 2. 电磁元件的拆、卸 3. 上、下轴承的拆、卸 4. 永久磁钢的拆、卸	讲课及实际操作训练	4
	LE9 电能表的清洗	通过本单元学习后,掌握电能表清洗的方法,用于电能表的检修	1. 外壳的清洗 2. 转动元件的清洗 3. 上、下轴承的清洗 4. 永久磁钢的磁极面及其回磁板面的铁屑清除	讲课及实际操作训练	2
	LE10 电能表的组装	通过本单元学习后,掌握电能表的组装方法,用于电能表的检修	1. 电磁元件的组装 2. 永久磁钢的组装 3. 上、下轴承的组装 4. 转动元件的组装 5. 计度器的组装	讲课及实际操作训练	6

模块序号及名称	单元序号及名称	学习目标	学习内容	学习方式	参考学时
MU4 电能表的原理、修校调整及检定规程和微机的应用	LE11 单相电能表的调整	通过本单元学习后,掌握电能表的误差调整方法,用于电能表的误差调整	1. 防潜装置调整 2. 轻负载装置的调整 3. 全负载装置的调整 4. 相位装置的调整	讲课及实际操作训练	10
	LE12 三相电能表的调整	通过本单元学习后,掌握三相电能表的调整方法,用于三相电能表的误差调整	1. 防潜装置的调整 2. 轻负载装置的调整 3. 平衡调整 4. 全负载装置的调整 5. 相位装置的调整	讲课及实际操作训练	20
	LE13 三相电能表的校验	通过本单元学习后,掌握三相电能表的校验方法,用于三相电能表的检定	1. 启动试验 2. 潜动试验 3. 预置数的计算 4. 误差测量 5. 数据处理及原始记录与检定证书的填写	讲课与实际操作训练	15
	LE14 最大需量电能表(指针式或字轮式)的校验	通过本单元学习后,掌握最大需量电能表的试验方法,用于最大需量表的检验	1. 测定定时元件工作电压 2. 测定需量试验 3. 机械负载试验	讲课与实际操作训练	10
	LE15 电子式电能表的工作原理及检定	通过本单元学习后,掌握电子式电能表的工作原理和校定方法,用于电子式电能表的检定	1. 电子式电能表的各组成部分及作用 2. 乘法器的工作原理 3. 压—频转换器、计数器基本原理 4. 检定技术要求,检定条件 5. 检定项目,检定方法 6. 检定结果处理及检定周期	讲课	30
	LE16 分时计费电能表的工作原理及检定	通过本单元学习后,掌握分时计费电能表的工作原理和检定方法,用于分时计费电能表的检定	1. 分时计费电能表的工作原理 2. 分时计费电能表的分类及用途 3. 分时计费电能表的技术要求、检定条件 4. 检定项目、检定方法 5. 检定结果处理和检定周期	讲课	15

6

模块序号及名称	单元序号及名称	学习目标	学习内容	学习方式	参考学时
MU4 电能表的原理、修校调整及检定规程和微机的应用	LE17 电能表的故障分析	通过本单元学习后,了解电能表内各元件及零部件常见故障的原因,用于电能表的检修	1. 轴承常见故障的原因 2. 计度器常见故障的原因 3. 电磁元件常见故障的原因 4. 转动元件常见故障的原因 5. 调整装置常见故障的原因 6. 制动元件常见故障的原因	讲课	10
	LE18 机电式交流电能表 (JJG 307—2006)	通过本单元学习后,掌握单、三相电能表,检定条件、检定项目、检定方法,用于电能表的检定	1. 各等级电能表允许误差限 2. 工频耐压试验的要求和方法,起动、潜动试验的要求和方法 3. 各种影响量及其允许偏差 4. 检定项目、检定方法 5. 检定周期 6. 误差修约的方法	讲课	6
MU5 交流电能表检定装置的工作原理、操作方法及检定规程	LE19 电能表检定装置的工作原理	通过本单元学习后,了解电能表检定装置的工作原理,用于电能表的检定及装置的测试与检修	1. 电工式单相检定装置的原理接线图和电压、电流回路的电气原理图 2. 电工式三相检定装置的原理接线图和电压、电流回路的电气原理图 3. 电子式单、三相电能表检定装置的工作原理和框图	讲课	30
	LE20 电能表检定装置的操作	通过本单元学习后,掌握电工型单、三相电能表检定装置及电子型单、三相电能表检定装置的操作方法,用于单、三相电能表检定	1. 电工型单相装置的操作 2. 电子型单相装置的操作 3. 电工型三相装置的操作 4. 电子型三相装置的操作	讲课及实际操作训练	10
	LE21 电能表检定装置的检定	通过本单元学习后,掌握电能表检定装置的测试方法,用于检定电能表检定装置	1. 输出功率稳定度的测试和计算 2. 输出电压、电流波形失真度的测量 3. 监视仪表的测量范围和准确度 4. 测量电压回路标准表与被检表端钮间的电位差 5. 测量误差及测量结果的处理 6. 标准偏差估计值的测试	讲课及实际操作训练	12

模块序号及名称	单元序号及名称	学习目标	学习内容	学习方式	参考学时
MU5 交流电能表检定装置的工作原理、操作方法及检定规程	**LE22** 电能表检定装置的检定规程（JJG 597—1989）	通过本单元学习后，掌握电能表检定装置检定时对装置的技术要求，检定条件，检定项目，检定方法，开展电能表装置的检定工作	1. 装置的允许误差，标准偏差、输出量、调整装置、监视仪表等技术要求 2. 输出功率稳定度，三相电压、电流对称度，测量误差标准偏差的检定方法 3. 检定结果处理和检定周期	讲课	8
MU6 电流互感器原理、校验及检定规程	**LE23** 电流互感器的结构和工作原理	通过本单元学习后，掌握电流互感器的结构、原理及其负载特性和产生误差的原因，用于调试电能表检定装置和开展电流互感器的检定工作	1. 电流互感器的结构 2. 电流互感器的工作原理 3. 电流互感器产生误差的原因 4. 电流互感器的等效电路 5. 电流互感器的比差和角差的定义和表示方法 6. 电流互感器的负载特性	讲课	10
	LE24 电流互感器的检定规程（JJG 313—1994）	通过本单元学习后，掌握检定电流互感器时对标准器和检定装置的技术要求，检定项目和方法，用于电流互感器的检定工作	1. 0.5级测量用电流互感器的允许误差限 2. 标准器和检定装置的要求 3. 环境条件的要求 4. 检定项目、方法和顺序 5. 工频耐压，绕组极性，退磁方法的要求 6. 检定周期的规定 7. 误差数据的处理	讲课	6
	LE25 电流互感器检定装置的操作	通过本单元学习后，了解电流互感器检定装置操作的要求，便于电流互感器检定装置的操作	1. 正确选择标准器 2. 正确选择二次负载 3. 正确选择二次导线	讲课	4
	LE26 电流互感器的检定	通过本单元学习后，了解电流互感器检定方法，用于电流互感器的检定工作	1. 极性试验 2. 退磁 3. 比角误差测试	讲课	5

模块序号及名称	单元序号及名称	学习目标	学习内容	学习方式	参考学时
MU7 电压互感器原理、检定及检定规程	LE27 电压互感器的结构和工作原理	通过本单元学习后,掌握电压互感器的结构和原理及其负载特性和产生误差的原因,用于调试电能表检定装置和开展电压互感器的检定工作	1. 电压互感器的结构 2. 电压互感器的工作原理 3. 电压互感器产生误差的原因 4. 电压互感器的等值电路 5. 比差、角差的定义和表示方法 6. 负载特性	讲课	10
	LE28 电压互感器的检定规程(JJG 314—1994)	通过本单元学习后,掌握检定电压互感器时对标准器和检定装置的技术要求,检定项目和检定方法,用于电压互感器的检定工作	1. 0.2、0.5级测量用电压互感器的允许误差限 2. 检定装置和标准器的要求 3. 电压负荷箱的要求 4. 环境条件、检定项目、检定方法 5. 工频耐压,极性试验的方法及要求 6. 检定周期的规定及误差数据的处理	讲课	6
MU8 电能表现场校验	LE29 电能表现场校验	通过本单元学习后,掌握电能表现场试验的测试方法及误接线的判断与更正系数,追补电量的计算,用于电能表现场校验工作	1. 电能表现场试验方法 2. 电压、电流、相位的测量 3. 用电能表现场校验仪进行实负载误差测量 4. 电能表的接线检查 5. 错误接线的判断 6. 更正系数及追补电量的计算	讲课及实际操作训练	10
MU9 互感器现场校验	LE30 互感器校验仪及负载箱	通过本单元学习后,了解互感器校验仪的各项技术指标及技术要求,掌握互感器校验仪的使用方法,用于现场校验互感器工作	1. 互感器校验仪的各项技术指标 2. 互感器校验仪使用方法及应注意的问题 3. 用互感器校验仪测量阻抗、导纳的接线方法 4. 电流负载箱的要求及二次连接导线的要求	讲课	6

模块序号及名称	单元序号及名称	学习目标	学习内容	学习方式	参考学时
MU9 互感器现场校验	LE31 电流互感器的现场校验	通过本单元学习后,掌握电流互感器现场校验时的测试方法及合成误差的计算方法,用于电流互感器的现场校验	1. 一、二次导线的连接 2. 二次实际负载的测试 3. 极性试验和退磁 4. 误差的测试及合成误差的计算	讲课	4
MU10 电能计量装置的配备、接线、综合误差的测试	LE32 电能计量装置的配备与安装	通过本单元学习后,了解电能计量装置的配备和安装,用于计量管理和用电管理工作	1. 电能表的选择及安装 2. 互感器(TA、TV)的选择及安装 3. 互感器的接线方式 4. 电流互感器二次回路导线截面的选择	讲课	6
	LE33 电能计量装置的接线检查	通过本单元学习后,了解电能计量装置中电能表及互感器的错误接线及追补电量的计算,用于计量管理和用电管理工作	1. 电压互感器的错误接线 2. 电流互感器的错误接线 3. 电能表的错误接线 4. 追补电量的计算	讲课	6
	LE34 电能计量装置综合误差的测试	通过本单元学习后,掌握电能计量装置综合误差的测试方法,用于计量管理和用电管理	1. 误差的组成部分 2. 装置的综合误差 3. 互感器的合成误差 4. TV 二次回路的压降误差	讲课	8

表 2

职业技能模块及学习单元对照选择表

模块	MU1	MU2	MU3	MU4	MU5	MU6	MU7	MU8	MU9	MU10
内容	电能表修校工的职业道德	计量知识	电工基础及电力生产基本知识	电能表的原理、修校调整及检定规程和微机的应用	交流电能表检定装置的工作原理、操作方法及检定规程	电流互感器原理、校验及检定规程	电压互感器原理、检定及检定规程	电能表现场校验	互感器现场校验	电能计量装置的配备、接线、综合误差的测试
参考学时	6	10	16	218	60	25	16	10	10	20
适用等级	初级 中级 高级 技师 高级技师	初级 中级 高级	初级 中级	初级 中级 高级 技师	初级 中级 高级	初级 中级	中级 高级	初级 中级	初级 中级	高级 技师 高级技师
学习单元 LE 序号选择 初	1	2	3、4	5、6、8～11、17、18	20	23～26		29	31	
中	1	2	3、4	5～13、17、18	19、20	23～26	27、28	29	30、31	
高	1	2		5～13、15～18	21、22		27、28			32～34
技师	1			14						32～34
高级技师	1									32～34

表 3　　　　　　　　　　　　学习单元名称表

单元序号	单 元 名 称	单元序号	单 元 名 称
LE1	电能表修校工的职业道德及电力法规	LE18	机电式交流电能表（JJG 307—2006）
LE2	计量法及法定计量单位	LE19	电能表检定装置的工作原理
LE3	电工基础	LE20	电能表检定装置的操作
LE4	电力生产基本知识	LE21	电能表检定装置的检定
LE5	计算机的应用	LE22	电能表检定装置的检定规程（JJG 579—1989）
LE6	单相电能表的结构和工作原理	LE23	电流互感器的结构和工作原理
LE7	三相电能表的结构和工作原理	LE24	电流互感器的检定规程（JJG 313—1994）
LE8	电能表的拆卸	LE25	电流互感器检定装置的操作
LE9	电能表的清洗	LE26	电流互感器的检定
LE10	电能表的组装	LE27	电压互感器的结构和工作原理
LE11	单相电能表的调整	LE28	电压互感器的检定规程（JJG 314—1994）
LE12	三相电能表的调整	LE29	电能表现场校验
LE13	三相电能表的校验	LE30	互感器校验仪及负载箱
LE14	最大需量电能表（指针式或字轮式）的校验	LE31	电流互感器的现场校验
LE15	电子式电能表的工作原理及检定	LE32	电能计量装置的配备与安装
LE16	分时计费电能表的工作原理及检定	LE33	电能计量装置的接线检查
LE17	电能表的故障分析	LE34	电能计量装置综合误差的测试

3 职业技能鉴定

3.1 鉴定要求

鉴定内容和考核双向细目表按照本职业（工种）《中华人民共和国职业技能鉴定规范·电力行业》执行。

3.2 考评人员

考评人员是在规定的工种（职业）等级和类别范围内，依据国家职业技能鉴定范围和国家职业技能鉴定试题库电力行业分库试题，对职业技能鉴定对象进行考核、评审工作的人员。

考评人员分考评员和高级考评员。考评员可承担初、中、高级技能等级和技师、高级技师资格考评。其任职条件是：

3.2.1 考评员必须具有高级工、技师或者中级专业技术职务以上的资格，具有 15 年以上本工种专业工龄；高级考评员必须具有高级技师或者高级专业技术职务的资格，取得考评员资格并具有一年以上实际考评工作经历。

3.2.2 掌握必要的职业技能鉴定理论、技术和方法，熟悉职业技能鉴定的有关法律、法规和政策，有从事职业技术培训考核的经历。

3.2.3 具有良好的职业道德，秉公办事，自觉遵守职业技能鉴定考评人员守则和有关规章制度。

鉴定试题库

4

4.1 理论知识（含技能笔试）试题

4.1.1 选择题

下列每题都有四个答案，其中只有一个正确答案，将正确答案填在括号内。

La5A1001 SI 词头中，（A）都是 SI 词头。

（A）吉、拍、艾、百、毫、微；（B）皮、拍、阿、亿、厘；（C）万、兆、太、拍、艾；（D）分、千、吉、个、太。

La5A1002 下述电磁学单位中，属 SI 单位的中文符号是（C）。

（A）奥斯特；（B）欧姆；（C）安/米；（D）千瓦·时。

La5A1003 电能的 SI 单位是（A）。

（A）J；（B）KWh；（C）kWh；（D）kW·h。

La5A1004 关于计量检定人员应具备的业务条件，下列说法中，错误的说法是（B）。

（A）具有中专（高中）或相当中专（高中）以上文化程度；（B）具有初中及以上文化程度；（C）能熟练地掌握所从事的检定项目的操作技能；（D）熟悉计量法律、法规。

La5A1005 正弦交流电的幅值就是（B）。

（A）正弦交流电最大值 2 倍；（B）正弦交流电最大值；（C）正弦交流电波形正负振幅之和；（D）正弦交流电最大值的 2 倍。

La5A1006 正弦交流电的三要素是（C）。

（A）有效值、初相角和角频率；（B）有效值、频率和初相角；（C）最大值、角频率和初相角；（D）最大值、频率和初相角。

La5A1007 未取得计量检定证件执行计量检定的以及使用未经考核合格的计量标准开展检定的，若未构成犯罪，应给予（B）。

（A）行政处罚；（B）行政处分并处以罚款；（C）通报批评；（D）500 元以下罚款。

La5A1008 取得《制造计量器具许可证》的标志符号由（A）三字组成。

（A）CMC；（B）CPA；（C）MMC；（D）CPC。

La5A2009 作为统一全国量值最高依据的计量器具是（A）。

（A）计量基准器具；（B）强制检定的计量标准器具；（C）社会公用计量标准器具；（D）已经检定合格的标准器具。

La5A2010 关于 SI 单位，下述论述中完全正确的是（B）。

（A）SI 单位可以理解为国际单位制单位；（B）米、秒、开（尔文）、坎（德拉）等都是 SI 基本单位；（C）米、安（培）、千米等都是 SI 单位；（D）凡是国际单位制中包含的单位都可以称为 SI 单位。

La5A2011 关于我国的法定计量单位，下列说法中错误的是（**C**）。

（A）我国的法定计量单位是以国际单位制单位为基础的；（B）结合我国实际情况，我国选用了一些非国际单位制单位作为我国的法定计量单位；（C）所有的国际单位制单位都是我国的法定计量单位；（D）平面角的单位弧度、立体角的单位球面度是具有专门名称的导出单位。

La5A2012 下述单位符号中，目前不允许使用的是（**A**）。

（A）KV；（B）V·A；（C）var；（D）kW·h。

La5A2013 SI 基本单位符号中，下列（**B**）全部是正确的。

（A）m、g、cd、A；（B）A、K、mol、s、kg；（C）m、Kg、cd、k；（D）A、S、J、mol、kg。

La5A2014 在正弦交流电的一个周期内，随着时间变化而改变的是（**A**）。

（A）瞬时值；（B）最大值；（C）有效值；（D）平均值。

La5A3015 从计量法的角度理解"计量"一词的含义，比较准确的说法是（**B**）。

（A）"计量"与"测量"是同义词。凡过去用"测量"二字的地方，改成"计量"就行了；（B）计量是指以技术和法制手段，保证单位统一、量值准确可靠的测量，它涉及整个测量领域；（C）计量兼有测试和检定的含义；（D）计量是测量领域的一部分。

La5A3016 下列各项中，（**C**）不属于计量法的调整范围和调整对象。

（A）建立计量基准、标准；（B）进行计量检定；（C）教学示范中使用的或家庭自用的计量器具；（D）制造、修理、销售、使用的计量器具等。

La5A3017　将一根电阻为 R 的电阻线对折起来，双股使用时，它的电阻等于（C）。

（A）$2R$；（B）$R/2$；（C）$R/4$；（D）$4R$。

La5A4018　因计量器具（B）所引起的纠纷，简称计量纠纷。

（A）精确度；（B）准确度；（C）精密度；（D）准确性。

La5A4019　有三个电阻并联使用，它们的电阻比是 1/3/5，所以，通过三个电阻的电流之比是（B）。

（A）5/3/1；（B）15/5/3；（C）1/3/5；（D）3/5/15。

La5A5020　功率为 100W 的灯泡和 40W 的灯泡串联后接入电路，40W 的灯泡消耗的功率是 100W 的灯泡的（C）。

（A）4 倍；（B）0.4 倍；（C）2.5 倍；（D）0.25 倍。

La5A5021　关于功率因数角的计算，（D）是正确的。

（A）功率因数角等于有功功率除以无功功率的反正弦值；（B）功率因数角等于有功功率除以无功功率的反余弦值；（C）功率因数角等于有功功率除以无功功率的反正切值；（D）功率因数角等于有功功率除以无功功率的反余切值。

La4A1022　电力部门电测计量专业列入强制检定工作计量器具目录的常用工作计量器具，没有（C）。

（A）电能表；（B）测量用互感器；（C）指示仪表；（D）绝缘电阻、接地电阻测量仪。

La4A1023 电流周围产生的磁场方向可用（**A**）确定。

（A）安培定则；（B）左手定则；（C）楞次定律；（D）右手定则。

La4A2024 在并联的交流电路中，总电流等于各分支电流的（**B**）。

（A）代数和；（B）相量和；（C）总和；（D）方根和。

La4A2025 设 U_m 是交流电压最大值，I_m 是交流电流最大值，则视在功率 S 等于（**C**）。

（A）$2U_mI_m$；（B）$\sqrt{2}\,U_mI_m$；（C）$0.5U_mI_m$；（D）U_mI_m。

La4A3026 强制检定的周期为（**A**）。

（A）由执行强制检定的计量检定机构根据计量检定规程确定；（B）使用单位根据实际情况确定；（C）原则上是每年检定一次；（D）原则上是每二年检定一次。

La4A3027 有一个直流电路，电源电动势为 10V，电源内阻为 1Ω，向负载 R 供电。此时，负载要从电源获得最大功率，则负载电阻 R 为（**C**）Ω。

（A）∞；（B）9；（C）1；（D）1.5。

La4A3028 正弦交流电的平均值等于（**C**）倍最大值。

（A）2；（B）$\pi/2$；（C）$2/\pi$；（D）0.707。

La4A3029 RLC 串联电路中，如把 L 增大一倍，C 减少到原有电容的 1/4，则该电路的谐振频率变为原频率 f 的（**D**）。

（A）1/2；（B）2；（C）4；（D）1.414。

La4A3030 关于电感 L、感抗 X_L，正确的说法是（**B**）。

（A）L 的大小与频率有关；（B）L 对直流来说相当于短路；（C）频率越高，X_L 越小；（D）X_L 值可正可负。

La4A3031 关于有功功率和无功功率，错误的说法是（A）。

（A）无功功率就是无用的功率；（B）无功功率有正有负；（C）在 RLC 电路中，有功功率就是在电阻上消耗的功率；（D）在纯电感电路中，无功功率等于电路电压和电流的乘积。

La4A3032 有一只内阻为 200Ω，量程为 1mA 的毫安表，打算把它改制成量限为 5A 的电流表，应该并联（C）Ω的分流电阻。

（A）0.25；（B）0.08；（C）0.04；（D）0.4。

La4A4033 有一只内阻为 0.5MΩ，量程为 250V 的直流电压表，当它的读数为 100V 时，流过电压表的电流是（A）mA。

（A）0.2；（B）0.5；（C）2.5；（D）0.4。

La4A4034 RLC 串联谐振电路总电抗和 RLC 并联谐振电路总电抗分别等于（D）。

（A）∞ 和 0；（B）∞ 和 ∞；（C）0 和 0；（D）0 和 ∞。

La4A5035 当某电路有 n 个节点，m 条支路时，用基尔霍夫第一定律可以列出 $n-1$ 个独立的电流方程，（A）个独立的回路电压方程。

（A）$m-(n-1)$；（B）$m-n-1$；（C）$m-n$；（D）$m+n+1$。

La3A1036 应用右手定则时，拇指所指的是（A）。

（A）导线切割磁力线的运动方向；（B）磁力线切割导线的方向；（C）导线受力后的运动方向；（D）在导线中产生感应电

动势的方向。

La3A1037 把一只电容和一个电阻串联在 220V 交流电源上，已知电阻上的压降是 120V，所以电容器上的电压为（C）V。
（A）100；（B）120；（C）184；（D）220。

La3A1038 当电容器 C_1、C_2、C_3 串联时，等效电容为（C）。
（A）$C_1+C_2+C_3$；（B）$\dfrac{1}{C_1}+\dfrac{1}{C_2}+\dfrac{1}{C_3}$；（C）$\dfrac{1}{\dfrac{1}{C_1}+\dfrac{1}{C_2}+\dfrac{1}{C_3}}$；
（D）$\dfrac{1}{C_1+C_2+C_3}$。

La3A2039 关于电位、电压和电动势，正确的说法是（A）。
（A）电位是标量，没有方向性，但它的值可为正、负或零；（B）两点之间的电位差就是电压，所以，电压也没有方向性；（C）电压和电动势是一个概念，只是把空载时的电压称为电动势；（D）电动势也没有方向。

La3A2040 将电动势为 1.5V，内阻为 0.2Ω 的四个电池并联后，接入一阻值为 1.45Ω 的负载，此时负载电流为（B）A。
（A）2；（B）1；（C）0.5；（D）3。

La3A2041 关于磁场强度和磁感应强度的说法，下列说法中，错误的说法是（D）。
（A）磁感应强度和磁场强度都是表征增长率强弱和方向的物理量，是一个矢量；（B）磁场强度与磁介质性质无关；（C）磁感应强度的单位采用特斯拉；（D）磁感应强度与磁介质性质无关。

La3A2042 单相桥式整流电路与半波整流电路相比，桥式整流电路的优点是：变压器无需中心抽头，变压器的利用率较高，且整流二极管的反向电压是后者的（**A**），因此获得了广泛的应用。

（A）1/2；（B）$\sqrt{2}$；（C）$2\sqrt{2}$；（D）$\sqrt{2}$/2。

La3A2043 在直观检查电子部件时，为防止（**B**）对电子部件的损坏，不得用手直接触摸电子元器件或用螺丝刀、指钳等金属部分触及器件和焊点。

（A）灰尘；（B）静电放电；（C）感应电流；（D）振动。

La3A2044 关于磁感应强度，下面说法中错误的是（**A**）。

（A）磁感应强度 B 和磁场 H 有线性关系，H 定了，B 就定了；（B）B 值的大小与磁介质性质有关；（C）B 值还随 H 的变化而变化；（D）磁感应强度是表征磁场的强弱和方向的量。

La3A3045 下列说法中，错误的说法是（**B**）。

（A）铁磁材料的磁性与温度有很大关系；（B）当温度升高时，铁磁材料磁导率上升；（C）铁磁材料的磁导率高；（D）表示物质磁化程度称为磁场强度。

La3A3046 实用中，常将电容与负载并联，而不用串联，这是因为（**B**）。

（A）并联电容时，可使负载获得更大的电流，改变了负载的工作状态；（B）并联电容时，可使线路上的总电流减少，而负载所取用的电流基本不变，工作状态不变，使发电机的容量得到了充分利用；（C）并联电容后，负载感抗和电容容抗限流作用相互抵消，使整个线路电流增加，使发电机容量得到充分利用；（D）并联电容，可维持负载两端电压，提高设备稳定性。

La3A4047 下列说法中，错误的说法是（**A**）。

（A）叠加法适于求节点少、支路多的电路；（B）戴维南定理适于求复杂电路中某一支路的电流；（C）支路电流法是计算电路的基础，但比较麻烦；（D）网孔电流法是一种简便适用的方法，但仅适用于平面网络。

La3A4048 一变压器铁芯的截面积是 **2.5cm²**，绕组匝数为 **3000** 匝，额定电压是 **220V**，额定频率是 **50Hz**，所以，在铁芯中的磁感应强度最大值是（**A**）**T**。

（A）1.32；（B）13 200；（C）0.32；（D）0.3。

La3A4049 在任意三相电路中，（**B**）。

（A）三个相电压的相量和必为零；（B）三个线电压的相量和必为零；（C）三个线电流的相量和必为零；（D）三个相电流的相量和必为零。

La3A4050 表征稳压性能的主要指标是稳压值、动态电阻和温度系数，要使稳压性能好，动态电阻要小，因此限流电阻要（**A**）。

（A）大一些好；（B）小一些好；（C）很小；（D）很大。

La3A4051 结型场效应管工作在线性区时，有放大作用。它是用栅源间的电压控制漏极电流的。由它构成的放大电路（**A**），并有一定的电压放大倍数。

（A）输入电阻很大；（B）输入电阻很小；（C）输出电阻很大；（D）输出电阻很小。

La3A5052 在放大器中引入了负反馈后，使（**A**）下降，但能够提高放大器的稳定性，减少失真，加宽频带，改变输入、输出阻抗。

（A）放大倍数；（B）负载能力；（C）输入信号；（D）输出阻抗。

La2A1053 保证功放电路稳定输出的关键部分是（**B**）。

（A）保护电路；（B）稳幅电路；（C）阻抗匹配电路；（D）控制电路。

La2A1054 下列说法中，错误的是（**D**）。

（A）电压串联负反馈电路能放大电压，电流并联负反馈电路能放大电流；（B）引入串联负反馈后，放大电路的输入电阻将增大；（C）引入电流负反馈后，放大电路的输出电阻将增加；（D）电流并联负反馈电路能将输入电压变换为输出电流。

La2A1055 在继电保护的原理接图中，一般 C 代表电容，QF 代表（**C**）。

（A）消弧线圈；（B）跳闸线圈；（C）断路器；（D）电压继电器。

La2A1056 下述论述中，正确的是（**B**）。

（A）当计算电路时，规定自感电动势的方向与自感电压的参考方向都跟电流的参考方向一致。（B）自感电压的实际方向始终与自感电动势的实际方向相反；（C）在电流增加的过程中，自感电动势的方向与原电流的方向相同；（D）自感电动势的方向除与电流变化方向有关外，还与线圈的绕向有关。这就是说，自感电压的实际方向就是自感电动势的实际方向。

La2A1057 （**D**）保护不反应外部故障，具有绝对的选择性。

（A）过电流；（B）低电压；（C）距离；（D）差动。

La2A2058 对法拉第电磁感应定律的理解，正确的是（C）。

（A）回路中的磁通变化量越大，感应电动势一定越高；（B）回路中包围的磁通量越大，感应电动势越高；（C）回路中的磁通量变化率越大，感应电动势越高；（D）当磁通量变化到零时，感应电动势必为零。

La2A2059 两个线圈的电感分别为 0.1H 和 0.2H，它们之间的互感是 0.2H，当将两个线圈作正向串接时，总电感等于（A）H。

（A）0.7；（B）0.5；（C）0.1；（D）0.8。

La2A2060 当用万用表的 $R×1000\Omega$ 档检查容量较大的电容器质量时，按 RC 充电过程原理，下述论述中正确的是（B）。

（A）指针不动，说明电容器的质量好；（B）指针有较大偏转，随后返回，接近于无穷大；（C）指针有较大偏转，返回无穷大，说明电容器在测量过程中断路；（D）指针有较大偏转，说明电容器的质量好。

La2A2061 提高电力系统静态稳定的措施是（C）。

（A）增加系统承受扰动的能力；（B）增加变压器和电力线路感抗，提高系统电压；（C）减小电力系统各个部件的阻抗；（D）减小扰动量和扰动时间。

La2A2062 动作于跳闸的继电保护，在技术上一般应满足四个基本要求，即（C）、速动性、灵敏性、可靠性。

（A）正确性；（B）经济性；（C）选择性；（D）科学性。

La2A2063 基本共集放大电路与基本共射放大电路的不同之处，下列说法中错误的是（C）。

（A）共射电路既能放大电流，又能放大电压，共集电路只能放大电流；（B）共集电路的负载对电压放大倍数影响小；（C）共集电路输入阻抗高，且与负载电阻无关；（D）共集电路输出电阻比共射电路小，且与信号源内阻有关。

La2A3064 下列说法中，错误的说法是（C）。

（A）判断载流体在磁场中的受力方向时，应当用左手定则；（B）当已知导体运动方向和磁场方向，判断导体感应电动势方向时，可用右手定则；（C）楞次定律是判断感应电流方向的普遍定律，感应电流产生的磁场总是与原磁场方向相反；（D）当回路所包围的面积中的磁通量发生变化时，回路中就有感应电动势产生，该感应电动势或感应电流所产生的磁通总是力图阻止原磁通的变化，习惯上用右手螺旋定则来规定磁通和感应电动势的方向。

La2A3065 设 r_1、r_2 和 L_1、L_2 分别是变压器一、二次绕组的电阻和自感，M 是其互感，则理想变压器的条件是（B）。

（A）$r_1=r_2=0$，$L_1=L_2=M=0$；（B）$r_1=r_2=0$，$L_1=L_2=M=\infty$；（C）$r_1=r_2=\infty$，$L_1=L_2=M=0$；（D）$r_1=r_2=\infty$，$L_1=L_2=M=\infty$。

La2A3066 为改善 RC 桥式振荡器的输出电压幅值的稳定，可在放大器的负反馈回路里采用（B）来自动调整反馈的强弱，以维持输出电压的恒定。

（A）正热敏电阻；（B）非线性元件；（C）线性元件；（D）调节电阻。

La2A5067 将一条形磁铁插入一个螺线管式的闭合线圈。第一次插入过程历时 0.2s，第二次又插，历时 1s。所以，第一次插入时和第二次插入时在线圈中感生的电流比是（B）。

（A）1:1；（B）5:1；（C）1:5；（D）25:1。

La1A1068 在实时钟电器中（A）与软件有关，若单片机发生故障，则会被破坏。

（A）软时钟；（B）硬时钟；（C）晶振；（D）电子计数器。

La1A2069 下述论述中，完全正确的是（C）。

（A）自感系数取决于线圈的形状、大小和匝数等，跟是否有磁介质无关；（B）互感系数的大小取决于线圈的几何尺寸、相互位置等，与匝数多少无关；（C）空心线圈的自感系数是一个常数，与电压和电流大小无关；（D）互感系数的大小与线圈自感系数的大小无关。

La1A1070 供电营业规则规定，100kVA 及以上高压供电的用户功率因数为（C）以上。

（A）0.85；（B）0.80；（C）0.90；（D）0.95。

La1A1071 《计量法实施细则》属于（B）。

（A）部门规章；（B）计量行政法规；（C）计量技术法规；（D）计量法律。

La1A1072 国家计量检定规程的统一代号是（A）。

（A）JJG；（B）JJF；（C）GB；（D）DL。

La1A1073 我国制定电价的原则是统一政策、统一定价、（D）。

（A）谐调一致；（B）统一管理；（C）分级定价；（D）分级管理。

La1A1074 线路损失电量占供电量的百分比称为（B）。

（A）变压器损耗；（B）线路损失率；（C）电压损失率；（D）电流损失率。

La1A1075 测量某门电路时发现，输入端有低电平时，输出端为高电平；输入端都为高电平时，输出端为低电平。则该门电路是（**C**）。

（A）与门；（B）或门；（C）与非门；（D）或非门。

La1A1076 两个不确定度分量相互独立则其相关系数为（**A**）。

（A）0；（B）1；（C）–1；（D）其他。

La1A1077 测量结果服从正态分布时，随机误差大于 **0** 的概率是（**C**）。

（A）99.7%；（B）68.3%；（C）50%；（D）0。

La1A2078 数据舍入的舍入误差服从的分布为（**B**）

（A）正态；（B）均匀；（C）反正弦；（D）其他。

La1A2079 做精密测量时，适当增多测量次数的主要目的（**B**）

（A）减少试验标准差；（B）减少平均值的实验标准差和发现粗差；（C）减少随机误差和系统误差；（D）减少人为误差和附加误差。

La1A2080 测量不确定度的大小置信区间和置信（**A**），表明测量结果落在该区间有多大把握。

（A）概率；（B）范围；（C）程度；（D）标准。

La1A3081 对于平均值实验标准差 $s/\sqrt{n}$ 的理解，正确的是（**B**）。

（A）$s/\sqrt{n}$ 是算术平均值 $\bar{x}$ 的误差值；（B）$s/\sqrt{n}$ 不是具体的误差值，它是算术平均值的标准差；（C）$s/\sqrt{n}$ 是用来估计单次测量结果的误差范围的；（D）$s/\sqrt{n}$ 是用来估计多次测量结果的误差范围的。

La1A3082 对某量等精度独立测 n 次，则残差平方和的方差为（**D**）。

（A）n；（B）$n-1$；（C）$2n$；（D）$2(n-1)$。

La1A3083 当测量结果遵从正态分布时，随机误差绝对值大于标准差的概率是（**C**）。

（A）50%；（B）68.3%；（C）31.7%；（D）95%。

La1A3084 在磁路欧姆定律中，与电路欧姆定律中电流相对应的物理量是（**A**）。

（A）磁通；（B）磁通密度；（C）磁通势；（D）磁阻。

La1A4085 对某量多次等精度独立测得 N 次，则单次测量与平均值误差间相关系数为（**C**）。

（A）1；（B）$1/n$；（C）$1/\sqrt{n}$；（D）$1/n^2$。

La1A4086 设 m 是总体平均值，$\bar{x}$ 算术平均值，σ 是总体标准差，S 是实验标准差，则计量结果正态分布的两个重要参数是（**C**）。

（A）$\bar{x}$、S；（B）$\bar{x}$、σ；（C）m、$\sigma\sqrt{n}$；（D）m、S。

Lb5A1087 电能表转盘要求导电性能好，重量轻，所以用（**C**）制成。

（A）铁板；（B）铜板；（C）铝板；（D）锡板。

Lb5A1088 有功电能表的驱动力矩与负载的有功功率是成（**B**）关系的。

（A）反比；（B）正比；（C）余弦；（D）正切。

Lb5A1089 电能表的转盘平面应与永久磁钢的磁极端面（**D**），且位置适中。

（A）垂直；（B）相连；（C）重合；（D）平行。

Lb5A1090 检定 **0.5** 级电能表，检定装置的级别不能低于（**D**）级。

（A）0.05；（B）0.2；（C）0.3；（D）0.1。

Lb5A1091 除了另有规定外，感应式电能表测定基本误差前，应对其电压线路加额定电压进行预热，电流线路加标定电流进行预热，且分别不少于（**A**）。

（A）60min、15min；（B）30min、15min；（C）60min、30min；（D）30min、60min。

Lb5A2092 **1.0** 级直接接入的机电式三相电能表允许的起动电流为基本电流的（**A**）。

（A）0.004；（B）0.005；（C）0.001；（D）0.009。

Lb5A2093 **1.0** 级三相机电式电能表带不平衡负载时，在 $\cos\theta$=**1.0** 时，**20%** 基本电流负载点的基本误差限为（**C**）。

（A）±1.0%；（B）±2.5%；（C）±2.0%；（D）±3.0%。

Lb5A2094 转动元件与空气间的动摩擦力矩，与转速 n 和通过转盘间隙的几何形状及转动元件的（**A**）有关。

（A）表面光洁程度；（B）材料；（C）位置；（D）性质。

Lb5A2095 引起机电式电能表潜动的主要原因是（**B**）。

（A）驱动力矩与制动力矩不平衡引起的；（B）轻载补偿力矩补偿不当或电磁元件不对称引起的；（C）驱动力矩的增减与负载功率的增减成反比引起的；（D）电流铁芯的非线性引起的。

Lb5A2096 电流互感器一次安匝数（D）二次安匝数。

（A）大于；（B）等于；（C）小于；（D）约等于。

Lb5A2097 使用中的 **0.2** 级电能表标准装置的检定周期不得超过（B）。

（A）1 年；（B）2 年；（C）3 年；（D）半年。

Lb5A2098 感应式电能表在感性负载时要正确测量有功电能，应满足的相位角条件是（A）。

（A）$\Psi=90°-\varphi$；（B）$\Psi=90°+\varphi$；（C）$\Psi=180°-\varphi$；（D）$\Psi=180°+\varphi$。

Lb5A2099 电能表在外壳清理以后，拆开表盖，应先取下（B）。

（A）上轴承；（B）计度器；（C）下轴承；（D）永久磁钢。

Lb5A2100 在一般的电流互感器中产生误差的主要原因是存在着（C）。

（A）容性泄漏电流；（B）负荷电流；（C）励磁电流；（D）感性泄漏电流。

Lb5A2101 从电压中柱穿过圆盘的电压磁通称为（B）。

（A）电压非工作磁通；（B）电压工作磁通；（C）电压漏磁通；（D）电压损耗磁通。

Lb5A2102 铭牌标志中 **5（20）A** 的 **5** 表示（A）。

（A）基本电流；（B）负载电流；（C）最大额定电流；（D）工作电流。

Lb5A2103 测定 **0.5** 级和 **1** 级机电式有功电能表的基本误

差时，要求环境温度对标准值的偏差分别不超过（**B**）。

（A）±3°、±3°；（B）±2°、±3°；（C）±2°、±2°；（D）±3°、±2°。

Lb5A2104 检定 2.0 级机电式单相有功电能表，在 $\cos\varphi$=1、10%基本电流负荷点的测量误差不得大于（**B**）。

（A）±2.5%；（B）±2.0%；（C）±3.0%；（D）±3.5%。

Lb5A3105 测定 0.5 级机电式电能表基本误差时，要求施加电压和电流的波形畸变系数不大于（**A**）。

（A）2%；（B）5%；（C）3%；（D）4%。

Lb5A3106 新制造的机电式电能表工频耐压试验时，所有线路对金属外壳间或外露的金属部分间的试验电压为（**B**）V。

（A）1000；（B）2000；（C）600；（D）500。

Lb5A3107 机电式电能表工频耐压试验电压应在（**A**）s内，由零升至规定值并保持 1min。

（A）5～10；（B）0～10；（C）30；（D）10～20。

Lb5A3108 一只 0.5 级电能表的检定证书上，某一负载下的误差数据为 0.30%，那么它的实测数据应在（**B**）范围之内。

（A）0.29%～0.34%；（B）0.275%～0.325%；（C）0.251%～0.324%；（D）0.27%～0.32%。

Lb5A3109 互感器的标准器在检定周期内的误差变化，不得大于其允许误差的（**A**）。

（A）1/3；（B）1/4；（C）1/5；（D）1/10。

Lb5A3110 互感器检定中使用的电源及调节设备，应保证具有足够的容量及调节细度，并应保证电源的频率为（**C**）**Hz**，波形畸变系数不得超过 **5%**。

（A）50；（B）50±0.2；（C）50±0.5；（D）50±0.1。

Lb5A3111　标准电流互感器应比被检互感器高两个准确度级别，其实际误差应不大于被检电流互感器误差限值的（**B**）。

（A）1/3；（B）1/5；（C）1/10；（D）1/20。

Lb5A3112　没有穿过圆盘的电流磁通称为（**B**）。

（A）电流工作磁通；（B）电流非工作磁通；（C）电流漏磁通；（D）电流总磁通。

Lb5A3113　在电能表使用的 **IC** 卡中，以下安全性能最好的是（**C**）。

（A）存储卡；（B）加密卡；（C）CPU 卡；（D）磁卡。

Lb5A3114　电能表的运行寿命和许多因素有关，但其中最主要的是（**C**）。

（A）永久磁钢的寿命；（B）电磁元件的变化；（C）下轴承的质量；（D）驱动元件的质量。

Lb5A3115　电能表的相序接入变化影响电能表的读数，这种影响称为（**C**）。

（A）接线影响；（B）输入影响；（C）相序影响；（D）负载影响。

Lb5A3116　当功率因数低时，电力系统中的变压器和输电线路的损耗将（**B**）。

（A）减少；（B）增大；（C）不变；（D）不一定。

Lb5A3117 用于连接测量仪表的电流互感器应选用（**B**）。

（A）0.1 级和 0.2 级；（B）0.2 级和 0.5 级；（C）0.5 级和 3 级；（D）3 级以下。

Lb5A3118 在现场测定电能表基本误差时，若负载电流低于被检电能表基本电流的（**B**）时，不宜进行误差测量。

（A）2%；（B）10%；（C）5%；（D）1/3。

Lb5A3119 感应式电能表产生相位角误差主要是由于（**A**）。

（A）$\beta - \alpha \neq 90°$；（B）负载的功率因数不为 1；（C）电磁元件不对称；（D）电流元件的非线性影响。

Lb5A3120 化整间距一般是被试表准确度等级的（**C**）。

（A）1/3；（B）1/5；（C）1/10；（D）1/20。

Lb5A3121 用额定电压 220V、标定电流 5A、常数为 1.2W·h/r 的单相标准电能表现场测定电压 220V、标定电流 5A、常数为 1800r/（kW·h）的单相电能表，当被测电能表转 10r 时，标准电能表的算定转数是（**A**）r。

（A）4.63；（B）6.67；（C）21.61；（D）2.16。

Lb5A3122 现场检验电能表时，当负载电流低于被检电能表基本电流的 10%，或功率因数低于（**B**）时，不宜进行误差测定。

（A）0.866；（B）0.5；（C）0.732；（D）0.6。

Lb5A3123 现场检验电能表时，标准表电压回路连接导线以及操作开关的接触电阻、引线电阻之和，不应大于（**A**）Ω。

（A）0.2；（B）0.3；（C）0.6；（D）0.5。

Lb5A3124 在现场检验电能表时,应适当选择标准电能表的电流量程,一般要求通入标准电能表的电流应不低于电流量程的(**C**)。

(A)80%;(B)50%;(C)20%;(D)1/3。

Lb5A3125 复费率电能表为电力部门实行(**C**)提供计量手段。

(A)两部制电价;(B)各种电价;(C)不同时段的分时电价;(D)先付费后用电。

Lb5A3126 DD862a 型电能表中驱动元件的电压铁芯与电流铁芯之间的两块连接片的作用是(**C**)。

(A)调节相角 β;(B)改善潜动力矩;(C)改善电流铁芯非线性;(D)过载补偿。

Lb5A3127 电能表的磁极断裂,电能表的转速(**B**)。
(A)基本不变;(B)变慢;(C)不转;(D)变快。

Lb5A3128 电能表响声故障,产生的原因不可能是(**D**)。
(A)电磁线圈或铁芯移动;(B)轻微擦盘;(C)上轴承孔过大或缺少油;(D)电压线圈短路。

Lb5A4129 当工作电压改变时,引起电能表误差的主要原因是(**B**)。

(A)电压工作磁通改变,引起转动力矩的改变;(B)电压铁芯产生的自制动力矩改变;(C)负载功率的改变;(D)电压损耗角的改变,引起的相角误差。

Lb5A4130 DD862 型单相电能表的驱动元件的布置形式为(**B**)。

（A）径向式；（B）正切式；（C）封闭式；（D）辐射式。

Lb5A4131 对磁钢的质量要求中，（**A**）是错误的。

（A）高导磁率；（B）高矫顽力；（C）温度系数小；（D）一般采用铝镍钴合金压铸而成。

Lb5A4132 蜗轮和蜗杆的啮合深度应在齿高的（**A**）范围内。

（A）1/2～1/3；（B）1/2～1/4；（C）1/3～1/4；（D）1/2～2/3。

Lb5A4133 我国规定计度器的计时容量应不小于（**C**）h。

（A）2000；（B）3000；（C）1500；（D）10 000。

Lb5A4134 运行中的电流互感器开路时，最重要的是会造成（**A**），危及人身和设备安全。

（A）二次侧产生波形尖锐、峰值相当高的电压；（B）一次侧产生波形尖锐、峰值相当高的电压；（C）一次侧电流剧增，绕组损坏；（D）励磁电流减少，铁芯损坏。

Lb5A4135 改善机电式电能表轻载特性的措施为（**A**）。

（A）降低轴承和计度器的摩擦力矩；（B）减小电流磁路中的空气间隙；（C）在电流磁路空气间隙不变的条件下，可增加电流铁芯长度和截面积；（D）电流铁芯选择铁磁材料。

Lb5A4136 为了使机电式电能表的电压工作磁通和电压 U 之间的相角满足必要的相位关系，电压铁芯都具有磁分路结构，一般（**B**）。

（A）非工作磁通应小于工作磁通；（B）非工作磁通比工作磁通大 3～5 倍；（C）工作磁通和非工作磁通近似相等；

（D）工作磁通远远大于非工作磁通。

Lb5A4137　DS862-4 型电能表相位补偿装置是通过改变（C）来达到调整误差的目的。

（A）粗调为 α_1 角，细调为 β 角；（B）粗调为 β 角，细调为 α_1 角；（C）粗调、细调都为 α_1 角；（D）粗调、细调都为 β 角。

Lb5A4138　改善自热影响的方法有（A）。

（A）降低电能表的内部功耗，加快散热；（B）减小电流、电压线圈的截面；（C）增加通电时间；（D）增大铁芯的截面，以加快散热。

Lb5A4139　半封闭式电磁铁芯电能表的缺点是（C）。

（A）负载特性不好；（B）电流线圈组装不方便；（C）硅钢片消耗量大；（D）工作气隙不易固定，磁路对称性差，易潜动。

Lb5A4140　机电式电能表起动试验时，功率测量误差不能超过（B）。

（A）±3%；（B）±5%；（C）±10%；（D）±15%。

Lb5A4141　使电能表在轻负载下准确工作，轻载调整装置应（A）。

（A）分裂电压工作磁通 Φ；（B）改变电流磁路上的损耗角 α；（C）改变电压铁芯上的损耗角；（D）改变电流非工作磁通的大小、相位。

Lb5A4142　为了减少自制动力矩引起的误差，改善负载特性，电流线圈（B）。

（A）应选择较多线圈匝数；（B）应选择较少线圈匝数；

（C）应选择原匝数；（D）匝数对之无影响。

Lb5A5143　有两位小数的计度器,常数为 **1500r/(kW·h)**,它的传动比为（**A**）。

（A）150；（B）1500；（C）15 000；（D）15。

Lb5A5144　补偿电能表的温度相位误差的措施是（**B**）。

（A）在制动磁钢气隙旁加热磁合金片；（B）在电压工作磁通路径中安装热磁合金片和短路环；（C）在电流工作磁通路径中安装热磁合金片；（D）在电流线圈上加装热磁合金片。

Lb5A5145　电能表转盘边缘应有长度约为转盘周长（**D**）的黑色或红色标记。

（A）2%；（B）3%；（C）4%；（D）5%。

Lb5A5146　当环境温度改变时,造成电能表幅值误差改变的主要原因是（**A**）。

（A）永久磁钢磁通量的改变；（B）转盘电阻率的改变；（C）电压线圈电阻值的改变；（D）电流铁芯导磁率的改变。

Lb5A5147　计度器翻转一次所需时间应与（**C**）无关。

（A）电流、电压及它们之间的相位；（B）计度器的传动比；（C）蜗轮、蜗杆的啮合深度；（D）计度器字轮位数的多少。

Lb5A5148　机电式电能表电流抑制力矩的大小与（**B**）成正比。

（A）电流工作磁通；（B）电流工作磁通的平方；（C）电流工作磁通的立方；（D）电流非工作磁通。

Lb5A5149　标准偏差估计值是（**B**）的表征量。

（A）系统误差平均值；（B）随机误差离散性；（C）测量误差统计平均值；（D）随机误差统计平均值。

Lb5A5150 测量（D）表示测量结果中随机误差大小的程度。

（A）正确度；（B）准确度；（C）精确度；（D）精密度。

Lb4A1151 从制造工艺看，提高（B）的加工制造工艺，可减小摩擦力矩及其变差。

（A）转盘；（B）轴承和计度器；（C）电磁元件，特别是电流元件；（D）制动元件。

Lb4A1152 检定测量用电流互感器时，环境条件中温度应满足（A）。

（A）10～35℃；（B）（20±2）℃；（C）10～25℃；（D）5～30℃。

Lb4A1153 使用（A）电能表不仅能考核客户的平均功率因数，而且更能有效地控制客户无功补偿的合理性。

（A）双向计度无功；（B）三相三线无功；（C）三相四线无功；（D）一只带止逆器的无功。

Lb4A1154 检定0.5级电能表应采用（B）级的检定装置。
（A）0.05；（B）0.1；（C）0.2；（D）0.03。

Lb4A1155 检定电压互感器时，要求环境条件满足：环境温度、相对湿度分别为（C）。

（A）10～35℃和85%以下；（B）0～35℃和85%以下；（C）10～35℃和80%以下；（D）0～35℃和80%以下。

Lb4A1156 兆欧表主要用于测量（**C**）。

（A）电阻；（B）接地电阻；（C）绝缘电阻；（D）动态电阻。

Lb4A1157 电工式三相电能表检定装置中，移相器是（**C**）的主要设备。

（A）电源回路；（B）电压回路；（C）电流回路；（D）控制回路。

Lb4A2158 永久磁钢产生的制动力矩的大小和圆盘的转速成（**A**）关系。

（A）正比；（B）反比；（C）正弦；（D）余弦。

Lb4A2159 测定电能表的基本误差时，负载电流应按（**B**）的顺序，且应在每一负载电流下待转速达到稳定后进行。

（A）逐次增大；（B）逐次减小；（C）任意；（D）任意，但按有关约定。

Lb4A2160 使用电压互感器时，高压互感器二次（**A**）。

（A）必须接地；（B）不能接地；（C）接地或不接地；（D）仅在 35kV 及以上系统必须接地。

Lb4A2161 检定电流互感器时，检流计和电桥应与强磁设备（大电流升流器等）隔离，至少距离为（**B**）m 以上。

（A）1；（B）2；（C）3；（D）4。

Lb4A2162 JJG307—2006《机电式交流电能表检定规程》规定Ⅱ类防护绝缘包封的电能表，其电压电流线路对地交流耐压的试验电压为（**B**）kV。

（A）10；（B）4；（C）2；（D）2.5。

Lb4A2163　用绝缘电阻表测量电流互感器一次绕组对二次绕组及对地间的绝缘电阻值，如（**A**），不予检定。

（A）$<5M\Omega$；（B）$\leqslant 5M\Omega$；（C）$>5M\Omega$；（D）$\geqslant 5M\Omega$。

Lb4A2164　三相三线有功电能表校验中当调定负荷功率因数 $\cos\varphi=0.866$（感性）时，A、C 两元件 $\cos\theta$ 值分别为（**B**）。

（A）1.0、0.5（感性）；（B）0.5（感性）、1.0；（C）1.0、0.5（容性）；（D）0.866（感性）、1.0。

Lb4A2165　用三相两元件电能表计量三相四线制电路有功电能，将（**D**）。

（A）多计量；（B）少计量；（C）正确计量；（D）不能确定多计或少计。

Lb4A2166　运行中的 **35kV** 及以上的电压互感器二次回路，其电压降至少每（**A**）年测试一次。

（A）2；（B）3；（C）4；（D）5。

Lb4A2167　电能表检定装置中，升流器的二次绕组应与（**C**）串联。

（A）电流调压器；（B）标准电流互感器的二次绕组；（C）被检表的电流线圈和标准电流互感器的一次绕组；（D）移相器的输出端。

Lb4A2168　测量用互感器检定装置的升压、升流器的输出波形应为正弦波，其波形失真度应不大于（**B**）。

（A）3%；（B）5%；（C）10%；（D）2%。

Lb4A2169　测量电流互感器一次绕组对二次绕组及对地间的绝缘电阻时，应使用（**B**）V 绝缘电阻表。

（A）100；（B）500；（C）2500；（D）2000。

Lb4A2170 电压负荷箱在 $\cos\varphi=1$ 时的残余无功分量不得大于额定负荷的（**A**）。

（A）±3%；（B）±1%；（C）±2%；（D）±4%。

Lb4A2171 标准互感器使用时的二次实际负荷与其证书上所标负荷之差，不应超过（**C**）。

（A）±3%；（B）±5%；（C）±10%；（D）±4%。

Lb4A2172 互感器标准器在检定周期内的误差变化，不得大于误差限值的（**A**）。

（A）1/3；（B）1/4；（C）1/5；（D）1/10。

Lb4A2173 电能表圆盘下面喷上白色或黑色漆，其作用是（**A**）。

（A）增加该处的重量，以达到圆盘的静平衡状态；（B）使圆盘不易变形，不易氧化；（C）绝缘作用；（D）平衡圆盘中感生的涡流。

Lb4A2174 60°型三相三线无功电能表电压线圈串联电阻的作用是（**C**）。

（A）防止电压线圈短路；（B）限制电压线圈励磁电流；（C）调整电压线圈电压与电压磁通间夹角；（D）改善电压线圈电阻温度影响。

Lb4A2175 当单相电能表相线和零线互换接线时，客户采用一相一地的方法用电，电能表将（**C**）。

（A）正确计量；（B）多计电量；（C）不计电量；（D）烧毁。

Lb4A2176 单相电工式电能表检定装置的升压器的二次绕组应与（**B**）连接。

（A）电源；（B）监视仪表和被检表的电压线圈；（C）标准电能表；（D）标准电压互感器。

Lb4A3177 一般电能表 U 形电流铁芯的开口处安装了一块比铁芯截面积小的磁分路，它的作用是（**C**）。

（A）与电压铁芯的磁分路作用相同；（B）相位补偿；（C）过载补偿；（D）轻载补偿。

Lb4A3178 电压负荷箱在额定频率为 50（60）Hz 时，在额定电压的 20%～120% 的范围内，其有功部分和无功部分的误差均不得超过（**D**）。

（A）±4%；（B）±5%；（C）±1%；（D）±3%。

Lb4A3179 用 2.5kV 绝缘电阻表测量半绝缘电压互感器的绝缘电阻时，要求其绝缘电阻不小于（**B**）。

（A）10MΩ/kV；（B）1MΩ/kV；（C）500MΩ；（D）2MΩ。

Lb4A3180 作标准用的电流互感器，如果在一个检定周期内误差变化超过其误差限值的（**B**）时，检定周期缩短为 1 年。

（A）1/2；（B）1/3；（C）1/4；（D）1/5。

Lb4A3181 在三相三线两元件有功电能表中，当三相电路完全对称，且 $\cos\varphi$=1.0 时，C 组元件的电压相量（**B**）。

（A）超前于电流；（B）滞后于电流；（C）与电流同相；（D）与电流反相。

Lb4A3182 一般未经补偿的电压互感器的比差和角差：（**B**）。

（A）比差为正，角差为正；（B）比差为负；角差为正；（C）比差为负，角差为负；（D）比差为正，角差为负。

Lb4A3183　0.1 级电能表检定装置，应配备（B）。

（A）0.05 级标准电能表，0.01 级互感器；（B）0.1 级标准电能表，0.01 级互感器；（C）0.1 级标准电能表，0.02 级互感器；（D）0.05 级标准电能表，0.005 级互感器。

Lb4A3184　现场检验电流互感器时，要求调压器和升流器的容量应满足（C）。

（A）被试电流互感器的容量；（B）被试电流互感器升流到额定电流时的要求；（C）被试电流互感器升流到 120% 额定电流时的要求；（D）被试电流互感器升流到 150% 额定电流时的要求。

Lb4A3185　检定 0.2 级的电压互感器，在 50% 额定电压下，由误差测量装置的最小分度值引起的测量误差，其比差和角差分别应不大于（A）。

（A）$\pm 0.02\%$、$\pm 1'$；（B）$\pm 0.025\%$、$\pm 1.5'$；（C）$\pm 0.025\%$、$\pm 2'$；（D）$\pm 0.05\%$、$\pm 1'$。

Lb4A3186　检定 0.2 级的电压互感器，在 20% 额定电压下，由误差测量装置的灵敏度所引起的测量误差，其比差和角差应不大于（C）。

（A）$\pm 0.02\%$、$\pm 0.5'$；（B）$\pm 0.015\%$、$\pm 0.45'$；（C）$\pm 0.02\%$、$\pm 1'$；（D）$\pm 0.015\%$、$\pm 1.5'$。

Lb4A3187　准确度级别为 0.5 级的电压互感器，在 100% 额定电压测量点下，检定证书上填写的比差为零，则实际的比差为（C）。

（A）−0.001%～+0.001%；（B）−0.001%～+0.01%；（C）−0.025%～+0.025%；（D）−0.05%～+0.05%。

Lb4A3188 校验仪差值回路对标准和被检互感器的附加容量，不应超过校验仪工作电流（电压）回路额定容量的（**B**），最大不超过 **0.25V·A**。

（A）1/10；（B）1/15；（C）1/20；（D）1/5。

Lb4A3189 单相电能表电压线圈并接在负载端时，将（**D**）。

（A）正确计量；（B）使电能表停走；（C）少计量；（D）可能引起潜动。

Lb4A3190 电能表检修，按检修内容，可分为预防性检修和恢复性检修。无论是预防性检修或恢复性检修，其工序基本上可以分为三部分，这三部分是（**B**）。

（A）清洗除锈、涂喷油漆和端钮盒检修；（B）外部检修、内部检修和装配；（C）检查、清洗和检修；（D）轴承、转动元件和驱动元件的检修。

Lb4A3191 **0.2** 级电压互感器在 **20%** 额定电压下的比差和角差的误差限分别为（**D**）。

（A）±0.4%、±15′；（B）±0.4%、±10′；（C）±0.2%、±0′；（D）±0.4%、±20′。

Lb4A4192 电流互感器二次阻抗折合到一次侧后，应乘（**A**）倍（电流互感器的变比为 K）。

（A）$1/K^2$；（B）$1/K$；（C）K^2；（D）K。

Lb4A4193 电压互感器空载误差分量是由（**C**）引起的。

（A）励磁电流在一、二次绕组的阻抗上产生的压降；（B）励磁电流在励磁阻抗上产生的压降；（C）励磁电流在一次绕组的阻抗上产生的压降；（D）励磁电流在一、二次绕组上产生的压降。

Lb4A4194 用"六角图"法判断计量装置接线的正确性，必需满足的条件是（C）。

（A）三相电压、电流都对称，功率因数值范围大致确定；（B）三相电压、电流对称和稳定，且功率因数在 1.0～0.5（感）之间；（C）三相电压基本对称，负载电流、电压、功率因数基本稳定；（D）三相电压、电流基本对称，且功率因数值范围大致确定。

Lb4A5195 感应式电能表电压线圈的匝数，一般为（A）匝/V。

（A）25～50；（B）10～20；（C）20～40；（D）40～60。

Lb4A5196 由误差测量装置的最小分度值所引起的测量误差，不得大于被检电流互感器允许误差的（A）。

（A）1/15；（B）1/20；（C）1/10；（D）1/5。

Lb4A5197 三相电能表采用多层切槽粘合圆盘，是为了（B）。

（A）相序补偿；（B）减小元件间的电磁干扰；（C）改善由于元件间电磁的不平衡，引起的潜动；（D）改善相角误差特性。

Lb4A5198 随着铁芯平均磁路长度的增大，电压互感器的空载误差（B）。

（A）基本不变；（B）增大；（C）减小；（D）可能增大、

也可能减小。

Lb4A5199 当电压互感器二次负荷的导纳值减小时，其误差的变化是（B）。

（A）比差往负，角差往正；（B）比差往正，角差往负；（C）比差往正，角差往正；（D）比差往负，角差往负。

Lb4A5200 当三相三线电路的中性点直接接地时，宜采用（B）的有功电能表测量有功电能。

（A）三相三线；（B）三相四线；（C）三相三线或三相四线；（D）三相三线和三相四线。

Lb4A5201 用 0.1 级的电流互感器作标准，检定 0.5 级的电流互感器时，在额定电流的 100% 下，比差和角差的读数平均值分别为–0.355%、+15′。已知标准器的误差分别为–0.04%、+3.0′，则在检定证书上填写的比差和角差应分别为（A）。

（A）–0.35%、+16′；（B）–0.40%、+18′；（C）–0.30%、+12′；（D）–0.40%、+15′。

Lb4A5202 检定 0.2 级的电流互感器时，在额定电流的 100%，误差测量装置的差流测量回路的二次负荷对误差的影响不大于（A）。

（A）±0.01%、±0.5′；（B）±0.02%、±1.0′；（C）±0.03%、±1.5′；（D）±0.04%、±2.0′。

Lb4A5203 检定 0.5 级电流互感器，在 100%～120% 额定电流下，由误差测量装置的差流测量回路的二次负荷对误差的影响应不大于（B）。

（A）±0.05%、±0.2′；（B）±0.025%、±1.5′；（C）±0.03%、±1.5′；（D）±0.05%、±1′。

Lb4A5204　JSW-110TA 型电压互感器表示（C）。

（A）油浸绝缘，带剩余电压绕组的三相电压互感器，适用于湿热带地区；（B）油浸绝缘，"五"柱三绕组三相电压互感器，适用于温热带地区；（C）油浸绝缘，"五"柱三绕组三相电压互感器，适用于干热带地区；（D）干式绝缘，带剩余电压绕组的三相电压互感器，适用于干热带地区。

Lb3A1205　检定一台 0.2 级的电流互感器时，某个测量点的误差：在修约前为–0.130%、+5.50′；修约后为（B）。

（A）–0.14%、+6.0′；（B）–0.12%、+6′；（C）–0.13%、+5.5′；（D）–0.14%、+5.5′。

Lb3A1206　高压互感器，至少每（C）年轮换或现场检验一次。

（A）20；（B）5；（C）10；（D）15。

Lb3A1207　低压电流互感器，至少每（D）年轮换或现场检验一次。

（A）5；（B）10；（C）15；（D）20。

Lb3A1208　互感器校验仪的检定周期一般不超过（B）。

（A）半年；（B）1 年；（C）2 年；（D）3 年。

Lb3A1209　现代精密电子式电能表使用最多的有两种测量原理，即（B）。

（A）霍尔乘法器和时分割乘法器；（B）时分割乘法器和 A/D 采样型；（C）热偶乘法器和二极管电阻网络分割乘法器；（D）霍尔乘法器和热偶乘法器。

Lb3A1210　电能表上下轴承在维修并清洗后，表的起动性

能反而变差，是因为（A）。

（A）宝石上多加了表油；（B）宝石上没加表油；（C）宝石表面始终维持一层油膜；（D）宝石已经磨损。

Lb3A1211 标准电能表的预热时间一般为：（A）。

（A）按其技术要求确定；（B）电压线路 1h、电流线路 30min；（C）电压、电流线路各 1h；（D）电压线路 1h，电流线路 15min。

Lb3A1212 测量用电压互感器的准确度等级从 **1.0** 级到 **0.05** 级共分为（C）个等级。

（A）9；（B）7；（C）5；（D）3。

Lb3A2213 电能表的工作频率改变时，对（A）。

（A）相角误差影响大；（B）幅值误差影响较大；（C）对相角误差和幅值误差有相同影响；（D）对相角误差和幅值误差都没有影响。

Lb3A2214 当电压互感器一、二次绕组匝数增大时，其误差的变化是（A）。

（A）增大；（B）减小；（C）不变；（D）不定。

Lb3A2215 当三相三线有功电能表，两元件的接线分别为 $I_u U_{wv}$ 和 $I_w U_{uv}$，负载为感性，转盘（C）。

（A）正转；（B）反转；（C）不转；（D）转向不定。

Lb3A2216 0.1 级的标准电流互感器，在 **5%** 额定电流时，其比差和角差的允许变差分别为（B）。

（A）0.05%、2′；（B）0.08%、3′；（C）0.02%、1′；（D）0.08%、2′。

Lb3A2217　电能表铭牌标有 3×（300/5）A，3×380V，所用的电流互感器额定变比为 200/5A，接在 380V 的三相三线电路中运行，其实用倍率为（**B**）。

（A）3；（B）2/3；（C）4800；（D）8。

Lb3A2218　0.01 级电压互感器在 20％额定电压时的比差应不大于（**A**）。

（A）±0.02％；（B）±0.04％；（C）±0.015％；（D）±0.03％。

Lb3A2219　在三相不对称电路中能准确测量无功电能的三相电能表有（**A**）。

（A）正弦型三相无功电能表；（B）60°三相无功电能表；（C）跨相 90°接线的三相无功电能表；（D）带附加线圈的无功电能表。

Lb3A2220　采用磁力轴承，必须保证轴承磁钢的磁力（**A**）和磁性长期稳定不变，这样，才能确保电能表的精度和寿命。

（A）均匀；（B）大；（C）尽量小；（D）集中性好。

Lb3A2221　直接接入式与经互感器接入式电能表的根本区别在于（**C**）。

（A）内部结构；（B）计量原理；（C）接线端钮盒；（D）内部接线。

Lb3A2222　工频电子电源的核心是（**B**）。

（A）功率放大器；（B）信号源；（C）控制电路；（D）输出变换器。

Lb3A2223　一般对于周期检定的电子式标准电能表，可通过测试绝缘电阻来确定电表绝缘性能，测量输入端子和辅助电源端子对外壳，输入端子对辅助电源端子之间的绝缘电阻应不低于（C）MΩ。

（A）2.5；（B）500；（C）100；（D）1000。

Lb3A3224 当环境温度升高时，机电式电能表在 $\cos\varphi =1$ 时，误差一般将会（**B**）。

（A）向负变化；（B）向正变化；（C）基本不变；（D）为零。

Lb3A3225 电流互感器铭牌上所标的额定电压是指（**B**）。

（A）一次绕组的额定电压；（B）一次绕组对二次绕组和对地的绝缘电压；（C）二次绕组的额定电压；（D）一次绕组所加电压的峰值。

Lb3A3226 准确度级别为 **0.01** 级的电压互感器，在 **100%** 额定电压测量点下，检定证书上填写的比值差为零，则修约前比值差的范围应是（**A**）。

（A）−0.000 5%～+0.000 5%；（B）−0.000 1%～+0.000 1%；（C）−0.01%～+0.01%；（D）−0.001%～+0.001%。

Lb3A3227 带附加线圈的三相四线无功电能表，它的第二元件电压线圈接 U_{uv}，该元件电流线圈所加合成电流为（**C**）。

（A）I_v+I_w；（B）I_v-I_w；（C）I_w-I_v；（D）I_v。

Lb3A3228 将标准表的电压线路接成人工中性点进行 **60°** 无功电能表检定时，应考虑接线系数为（**B**）。

（A）1；（B）$\sqrt{3}$；（C）$1/\sqrt{3}$；（D）$2/\sqrt{3}$。

Lb3A3229 直接用三相四线有功表，仅改变内部接线来测量三相电路的无功电能时，电能表计度器的示数应除以（**B**）。

（A）$\sqrt{3}/2$；（B）$\sqrt{3}$；（C）$1/\sqrt{3}$；（D）$2/\sqrt{3}$。

Lb3A3230　在使用电能表检定装置检定电能表时，电流回路的（**B**）会引起电源的功率稳定度不满足要求，为此需采用自动调节装置来稳定电流或功率。

（A）负载大；（B）负载变化大；（C）负载不对称；（D）负载感抗较大。

Lb3A3231　测定电能表检定装置的输出功率稳定度时，应在装置带（**C**）测试条件下分别进行测定。

（A）常用量限的上限，$\cos\varphi=1.0$，最大负载和最小负载；（B）常用量限的上限，$\cos\varphi=1.0$ 和 $\cos\varphi=0.5$ 感性最大负载；（C）常用量限的上限，$\cos\varphi=1.0$ 和 $\cos\varphi=0.5$ 感性最大负载和最小负载；（D）常用量限的下限，$\cos\varphi=1.0$，最大负载和最小负载。

Lb3A3232　电子式标准电能表在 **24h** 内的基本误差改变量的绝对值不得超过该表基本误差限绝对值的（**C**）。

（A）1/2；（B）1/3；（C）1/5；（D）1/10。

Lb3A3233　工作条件下，复费率电能表标准时钟平均日计时误差应不得超过（**D**）s/d。

（A）1；（B）2；（C）0.1；（D）0.5。

Lb3A3234　全电子式多功能与机电一体式的主要区别在于电能测量单元的（**A**）不同。

（A）测量原理；（B）结构；（C）数据处理方法；（D）采样信号。

Lb3A3235　在额定频率、额定功率因数及二次负荷为额定值的（**B**）之间的任一数值内，测量用电压互感器的误差不得超过规程规定的误差限值。

（A）20%～100%；（B）25%～100%；（C）20%～120%；（D）25%～120%。

Lb3A4236 一般要求电能表满载调整装置的调整裕度不小于（**D**）。

（A）±1%；（B）±2%；（C）±3%；（D）±4%。

Lb3A4237 机电式电能表轻载调整装置产生的补偿力矩的大小（**A**）。

（A）与电压的平方成正比；（B）与电压成正比；（C）与负载大小成正比；（D）与负载大小成反比。

Lb3A4238 额定电压为**100V**的电能表的所有端钮应是独立的，端钮间的电位差如超过（**C**）**V**时，应用绝缘间壁隔开。

（A）100；（B）86.6；（C）50；（D）70.7。

Lb3A4239 元件转矩平衡是保证感应式三相三线电能表在正、逆相序接线时，误差相同的（**A**）。

（A）必要条件；（B）充分条件；（C）充分必要条件；（D）充分非必要条件。

Lb3A4240 数字移相实质上就是（**A**）。

（A）控制两相正弦波合成时清零脉冲输出的间隔；（B）控制两相正弦波合成的时间；（C）控制两相正弦波合成的频率；（D）控制两相正弦波的转换周期。

Lb3A4241 采用 **Yd11** 接线的标准电压互感器，使标准有功电能表与 **60°** 无功电能表具有相同接线附加误差，其接线系数为（**A**）。

（A）1；（B）3；（C）$1/\sqrt{3}$；（D）1/2。

Lb3A4242 下面说法中，正确的是（**A**）。

（A）感应式移相器，存在着输出波形畸变大，体积大，噪声大的缺点；（B）感应式移相器具有损耗小，无振动等优点；（C）变压器式移相器具有移相角度准确，连续运行无噪声的优点；（D）现在检定装置大都采用感应式移相器。

Lb3A5243 额定最大电流为 **20A** 的电能表的电流线路端钮孔径应不小于（**A**）mm。

（A）4.5；（B）3；（C）4；（D）5。

Lb3A5244 电压互感器在正常运行范围内，其误差通常是随着电压的增大，而（**B**）。

（A）先增大，后减小；（B）先减小，然后增大；（C）先增大，然后继续增大；（D）减小。

Lb3A5245 某单位欲将功率因数值由 $\cos\varphi_1$ 提高至 $\cos\varphi_2$，则所需装设的补偿电容器应按（**C**）式选择。

（A）$Q_c=P$（$\cos\varphi_1-\cos\varphi_2$）；（B）$Q_c=P$（$\cos\varphi_2-\cos\varphi_1$）；（C）$Q_c=P$（$\tan\varphi_1-\tan\varphi_2$）；（D）$Q_c=P$（$\tan\varphi_2-\tan\varphi_1$）

Lb3A5246 全电子式电能表采用的原理有（**D**）。

（A）电压、电流采样计算；（B）霍尔效应；（C）热电偶；（D）电压、电流采样计算、霍尔效应和热电偶三种原理。

Lb3A5247 用互感器校验仪测定电压互感器二次回路压降引起的比差和角差时，采用户外（电压互感器侧）的测量方式（**C**）。

（A）使标准互感器导致较大的附加误差；（B）所用的导线长一些；（C）保证了隔离用标准电压互感器不引入大的附加误差；（D）接线简单。

Lb3A5248 照明客户的平均负荷难以确定时，可按式（**D**）确定电能表误差。

（A）误差 $=I_b$ 时的误差；（B）误差 $=\dfrac{I_{\max}时误差+I_b时的误差+0.1I_b时的误差}{3}$；（C）误差 $=\dfrac{I_{\max}时误差+3I_b时的误差+0.1I_b时的误差}{5}$；（D）误差 $=\dfrac{I_{\max}时误差+3I_b时的误差+0.2I_b时的误差}{5}$。

Lb2A1249 当测量结果服从正态分布时，随机误差绝对值大于标准误差的概率是（**C**）。

（A）50%；（B）68.3%；（C）31.7%；（D）95%。

Lb2A1250 一般对新装或改装、重接二次回路后的电能计量装置都必须先进行（**B**）。

（A）带电接线检查；（B）停电接线检查；（C）现场试运行；（D）基本误差测试验。

Lb2A1251 负荷容量为 **315kV·A** 以下的低压计费客户的电能计量装置属于（**D**）类计量装置。

（A）Ⅰ；（B）Ⅱ；（C）Ⅲ；（D）Ⅳ。

Lb2A1252 电流线圈长期过负荷或经常受冲击负荷影响，导致电流线圈发生短路现象，引起电能表误差过大，并可能引起（**B**）。

（A）声响；（B）潜动；（C）倒转；（D）灵敏度降低。

Lb2A1253（D）是电子式电能表的核心。

（A）单片机；（B）脉冲输出电路；（C）看门狗电路；（D）乘法器。

Lb2A1254　为及时掌握标准电能表、电能表及互感器检定装置的误差变化情况，电能计量所（室）应至少每（**B**）进行误差比对一次，发现问题及时处理。

（A）三个月；（B）六个月；（C）一年；（D）两年。

Lb2A1255　最大需量表测得的最大值是指电力客户在某一段时间内负荷功率的（**C**）。

（A）最大值；（B）平均值；（C）按规定时限平均功率的最大值；（D）最大峰值。

Lb2A2256　电能表检定装置在额定负载范围内，调节相位角到任何相位时，引起输出电压（电流）的变化应不超过（**D**）。

（A）±2%；（B）±3%；（C）±5%；（D）±1.5%。

Lb2A2257　准确度级别为 **0.01** 级的电流互感器，在额定电流的 **5%** 时，其允许比差和角差为（**C**）。

（A）±0.01%、±0.3′；（B）±0.015%、±0.45′；（C）±0.02%、±0.6′；（D）±0.02%、±0.45′。

Lb2A2258　测定装置标准偏差估计值，对每个检定点进行不少于（**B**）次测定，并且在相邻测量之间，控制开关和调整设备应加以操作。

（A）2；（B）5；（C）10；（D）3。

Lb2A2259 DL/T 448—2000《电能技量装置技术管理规程》规定，第Ⅰ类电能计量装置的有功、无功电能表与测量用互感器的准确度等级应分别为（**B**）。

（A）0.5S 级、1.0 级、0.5 级；（B）0.2S 级或 0.5S 级、2.0 级、0.2S 级或 0.2 级；（C）0.5 级、3.0 级、0.2 级；（D）0.5 级、2.0 级、0.2 级或 0.5 级。

Lb2A2260 *U/f* 变换器可由（**C**）、比较器、时钟脉冲发生器等组成。

（A）放大器；（B）分频器；（C）积分器；（D）信号源。

Lb2A2261 为使磁钢的性能稳定，避免因磁钢早期不稳定因素造成电能表误差发生变化，通常在充磁后再退磁（**C**）。

（A）20%；（B）30%；（C）10%～15%；（D）5%。

Lb2A2262 规程中规定，无止逆器的最大需量表在需量指针受推动时允许的最大起动电流值是需量指针不受推动时的允许值的（**A**）倍左右。

（A）10；（B）5；（C）3；（D）2。

Lb2A3263 校验仪差值回路对标准和被检互感器的附加容量，不应超过校验仪工作电流（电压）回路额定容量的（**B**）。

（A）1/10；（B）1/15；（C）1/20；（D）1/5。

Lb2A3264 非正弦系三相无功电能表适用于（**B**）。

（A）三相对称电路；（B）简单的不对称电路；（C）三相不对称电路；（D）所有电路。

Lb2A3265 因为非正弦系三相无功电能表在三相不对称时有不同的线路附加误差，所以测定它们的相对误差时，要求（**C**）。

（A）标准电能表没有线路附加误差或线路附加误差要尽可能得小；（B）三相检验电路完全对称；（C）标准电能表与被检电能表具有相同的线路附加误差；（D）用标准电能表检定时，输入不同的接线系数。

Lb2A3266 当电压线圈有匝间短路或三相表的各元件间的励磁电流相差太大时，主要会引起（B）。

（A）轻载调整裕度不够；（B）相角调整裕度不够；（C）满载调整裕度不够；（D）灵敏度不合格。

Lb2A3267 电压互感器二次导线压降引起的角差，与（C）成正比。

（A）导线电阻；（B）负荷导纳；（C）负荷电纳；（D）负荷功率因数。

Lb2A3268 为减小计量装置的综合误差，对接到电能表同一元件的电流互感器和电压互感器的比差、角差要合理地组合配对，原则上，要求接于同一元件的电压、电流互感器（A）。

（A）比差符号相反，数值接近或相等，角差符号相同，数值接近或相等；（B）比差符号相反，数值接近或相等，角差符号相反，数值接近或相等；（C）比差符号相同，数值接近或相等，角差符号相反，数值接近或相等；（D）比差符号相同，数值接近或相等，角差符号相同，数值接近或相等。

Lb2A3269 在电子式电能表检定装置中，为解决功率源的实际负载与放大器输出级的最佳阻抗的匹配问题，一般（A）。

（A）采用变压器实现阻抗变换；（B）采用互补对称功率放大电路；（C）采用最佳负载下的功率管；（D）采用有动态性能的功率管。

Lb2A3270 电能表电流线圈安匝数，一般在（**D**）的范围内。

（A）40～60；（B）60～100；（C）100～200；（D）60～150。

Lb2A3271 作为标准用的电压互感器的变差应不大于标准器误差限值的（**C**）。

（A）1/3；（B）1/4；（C）1/5；（D）1/6。

Lb2A3272 在检定周期内，标准电压互感器的误差变化不得大于其误差限值的（**B**）。

（A）1/5；（B）1/3；（C）1/2；（D）2/3。

Lb2A3273 对于机械式复费率电能表，一般时段投切误差不得超过（**A**）min。

（A）5；（B）1；（C）3；（D）10。

Lb2A3274 如图 A–1 所示电压互感器，表示为（**B**）。

（A）有两个带剩余电压绕组的接地的单相电压互感器；（B）有两个带抽头的二次绕组接地的单相电压互感器；（C）有两个带抽头的二次绕组不接地的单相电压互感器；（D）有两个带剩余电压绕组的不接地的单相电压互感器。

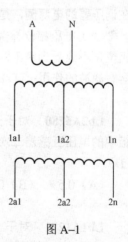

图 A–1

Lb2A4275 整体式电能计量柜的测量专用电压互感器应为（**A**）。

（A）二台接成 Vv 形组合接线；（B）三台接成 Yy 形组合接线；（C）三台接成 YNyn 组合接线；（D）三相五柱整体式。

Lb2A4276　可直接产生 45～65Hz 的低频正弦波信号的振荡器是（**A**）。

（A）文氏电桥振荡器；（B）变压器反馈式 LC 振荡器；（C）三点式 LC 振荡器；（D）晶振。

Lb2A4277　采用十二相相数变换器进行 ±15° 的相位细调时，电压的最大变化率为（**B**）。

（A）5.6%；（B）3.5%；（C）0.9%；（D）1.2%。

Lb2A4278　计量柜（箱）门、操作手柄及壳体结构上的任一点对接地螺栓的直流电阻值应不大于（**D**）Ω。

（A）0.1；（B）0.05；（C）0.01；（D）0.001。

Lb2A5279　三相电能表检定装置中,电压相位补偿器应接在调压器的电源侧，是因为（**B**）。

（A）电压相位补偿器可控制调压器输入电压；（B）补偿的相位角不致受到调压器调定电压值的影响；（C）电压相位补偿器有滤波的作用；（D）电压相位补偿器属电源回路。

Lb2A5280　对于适用于Ⅰ类电力客户的整体式电能计量柜中的电压互感器二次回路压降引起的计量误差限值应不超过（**D**）。

（A）0.5%；（B）0.25%；（C）0.2%；（D）0.1%。

Lb1A1281　对于 A/D 转换型电子式多功能电能表，提高 A/D 转换器的采样速率，可提高电能表的（**A**）。

（A）精度；（B）功能；（C）采样周期；（D）稳定性。

Lb1A2282　对电压等级为 6kV 的电压互感器进行工频耐压试验时，出厂试验电压为（**A**）kV。

（A）32；（B）28；（C）38；（D）42。

Lb1A3283 串级式结构的电压互感器绕组中的平衡绕组主要起到（**B**）的作用。

（A）补偿误差；（B）使两个铁芯柱的磁通平衡；（C）使一、二次绕组匝数平衡；（D）电流补偿。

Lb1A1284 电子表的高温试验中的高温是指（**D**）℃。

（A）40；（B）50；（C）60；（D）70。

Lb1A1285 在电能表使用的 IC 卡中，以下四种安全性能最好的是（**C**）。

（A）存储卡；（B）加密卡；（C）CPU 卡；（D）磁卡。

Lb1A1286 正常供电时，电子式电能表的工作电源通常有三种方式：工频电源、阻容电源和（**C**）。

（A）直流电源；（B）交流电源；（C）开关电源；（D）功率源。

Lb1A1287 穿芯一匝 500/5A 的电流互感器，若穿芯 4 匝，则倍率变为（**D**）。

（A）400；（B）125；（C）100；（D）25。

Lb1A1288 单相连接导线长度为 L，电流互感器 V 形连接时，连接导线计算长度为（**C**）。

（A）L；（B）$2L$；（C）$\sqrt{3}L$；（D）$3L$。

Lb1A1289 按照无功电能表和有功电能表电量之比计算出的功率因数属于（**C**）。

（A）瞬时功率因数；（B）平均功率因数；（C）加权平均

功率因数；（D）全不对。

Lb1A2290　检定 **0.2** 级的电压互感器，在 **50%** 额定电压下，由误差测量装置的最小分度值引起的测量误差，其比值差和相位差分别应不大于（**A**）。

（A）±0.02%、±1′；（B）±0.025%、±1.5′；（C）±0.025%、±2′；（D）±0.05%、±1′。

Lb1A2291　检定 **0.2** 级的电压互感器，在 **20%** 额定电压下，由误差测量装置的灵敏度所引起的测量误差，其比值差和相位差应不大于（**C**）。

（A）±0.02%、±0.5′；（B）±0.015%、±0.45′；（C）±0.02%、±1′；（D）±0.015%、±1.5′。

Lb1A2292　用 **0.1** 级的电流互感器作标准，检定 **0.5** 级的电流互感器时，在额定电流下，比值差和相位差的读数平均值分别为**–0.355%**、**+15′**，标准器的误差分别为**–0.04%**、**+3.0′**，则在检定证书上应填写为（**A**）。

（A）–0.35%、+16′；（B）–0.40%、+18′；（C）–0.30%、+12′；（D）–0.40%、±15′。

Lb1A2293　检定装置准确度等级为 **0.1** 级，那么装置调定电压的调节细度必须满足（**B**）。

（A）0.01%；（B）0.02%；（C）0.05%；（D）0.1%。

Lb1A2294　电能表检定装置调节细度的测定应在装置（**D**）条件下，在调节器输出电压（电流）额定值附近进行。

（A）带最大负载；（B）带额定负载；（C）带最小负载；（D）带最大负载或最小负载。

Lb1A2295 电能表最大需量功率部分的测量误差是指（**A**）。

（A）相对引用误差；（B）相对误差；（C）最大引用误差；（D）绝对误差。

Lb1A2296 电子式电能表的误差主要分布在（**D**）。

（A）分流器；（B）分压器；（C）乘法器；（D）分流器、分压器、乘法器。

Lb1A3297 1级静止式电能表型式试验做潜动试验最短试验时间Δt为（**B**）。

（A）$\dfrac{480\times10^6}{k\cdot m\cdot U_n\cdot I_{max}}$(min)；（B）$\dfrac{600\times10^6}{k\cdot m\cdot U_n\cdot I_{max}}$(min)；

（C）$\dfrac{900\times10^6}{k\cdot m\cdot U_n\cdot I_{max}}$(min)；（D）$\dfrac{800\times10^6}{k\cdot m\cdot U_n\cdot I_{max}}$(min)。

Lb1A2298 电子式三相电能表的误差调整以（**A**）调整为主。

（A）软件；（B）硬件；（C）手动；（D）自动。

Lb1A2299 在同一时刻可以同时发送和接收数据的串行通信模式称为（**B**）。

（A）半双工；（B）全双工；（C）单工；（D）都不对。

Lb1A2300 用三相三线表来计量三线四线电路的电量，当只有 U 相带感性负荷时，则$\varphi_U>$（**B**）时，电能表测得的电能少于负载的消耗。

（A）20°；（B）30°；（C）60°；（D）90°。

Lb1A2301 某两元件三相三线有功电能表第一组元件和

65

第二组元件的相对误差分别为 γ_1 和 γ_2，则在功率因数角 φ =（**D**）时，电能表的整组误差 $\gamma = (\gamma_1 + \gamma_2)/2$。

（A）90°；（B）60°；（C）30°；（D）0°。

Lb1A2302 规格相同的电流互感器串联后，电流比为单台变比的（**A**）倍。

（A）1；（B）1/2；（C）2；（D）都不是。

Lb1A2303 规格相同的电流互感器串联后，每台电流互感器的二次负载是单台的（**B**）倍。

（A）1；（B）1/2；（C）2；（D）都不是。

Lb1A2304 规格相同的电流互感器并联后，电流比为单台变比的（**B**）倍。

（A）1；（B）1/2；（C）2；（D）都不是。

Lb1A2305 规格相同的电流互感器并联后，每台电流互感器的二次负载是单台的（**C**）倍。

（A）1；（B）1/2；（C）2；（D）都不是。

Lb1A3306 若某电子式电能表的起动电流是 $0.01I_b$，过载电流是 $6I_b$，则 A/D 型的电能表要求 A/D 转换器的位数可以是（**A**）。

（A）10；（B）9；（C）11；（D）8。

Lb1A3307 220V、10（40）A 的单相电子表在静电放电试验中，计度器不应产生大于（**D**）kW·h 的变化。

（A）0.022；（B）0.002 2；（C）0.088；（D）0.008 8

Lb1A3308 电流互感器的二次负荷阻抗的幅值增大时，（**B**）。

（A）比差正向增加，角差正向增加；（B）比差负向增加，角差正向增加；（C）比差正向增加，角差负向增加；（D）比差负向增加，角差负向增加。

Lb1A3309 计算电流互感器的二次负荷阻抗时，设每根导线的电阻为 R，电流互感器为不完全星形接线，则外接导线电阻为（C）。

（A）R；（B）$2R$；（C）$\sqrt{3}\,R$；（D）$2\sqrt{3}\,R$。

Lb1A3310 电流互感器为二相星形连接时，二次负载阻抗公式是（B）。

（A）$Z_2 = Z_m + 2R_L + R_K$；（B）$Z_2 = Z_m + \sqrt{3}\,R_L + R_K$；（C）$Z_2 = Z_m + R_L + R_K$；（D）$Z_2 = Z_m + 2R_L + 2R_K$。

Lb1A3311 电流互感器不完全星形接线，A 相极性接反，则公共线电流 I_b 是每相电流的（D）倍。

（A）1；（B）2；（C）3；（D）$\sqrt{3}$。

Lb1A3312 在单相电路中，互感器的合成误差在功率因数为（A）时，角差不起作用。

（A）1.0；（B）0.5（L）；（C）0.5（C）；（D）0.8（C）。

Lb1A4313 如果数字移相中波形计数 7200 次合成一个周期，参考相 A 由第 7200 个计数脉冲清零，B 相由第 100 个脉冲清零，则 B 相和 A 相的相位关系为（B）

（A）B 相超前 A 相 5°；（B）A 相超前 B 相 5°；（C）B 相超前 A 相 10°（D）A 相超前 B 相 10°。

Lc5A1314 钳形表用于测量（B）。

（A）直流电流；（B）交流电流；（C）直流电压；（D）交

流电压。

Lc5A2315　MG29 型可携式钳形相位伏安表不能测量（C）。

（A）功率因数；（B）相角；（C）电阻；（D）相序。

Lc5A2316　电气设备分为高压和低压两种,高压是指设备对地电压在（B）V 以上者。

（A）220；（B）250；（C）380；（D）500。

Lc5A2317　电力生产过程由（B）等几大环节组成。

（A）发电、配电、输电、变电、用电；（B）发电、变电、输电、变电、配电、用电；（C）发电、变电、配电、输电、用电；（D）发电、输电、变电、配电、用电。

Lc4A1318　在带电的电流互感器二次回路上工作,可以（B）。

（A）将互感器二次侧开路；（B）用短路匝或短路片将二次回路短路；（C）将二次回路永久接地点断开；（D）在电能表和互感器二次回路间进行工作。

Lc4A2319　下列说法中,正确的是（C）。

（A）电力系统和电力网是一个含义；（B）电力网中包含各种用电设备；（C）电力系统是动力系统的一部分；（D）发电机是电力网组成的一部分。

Lc4A2320　全面质量管理简称（B）。

（A）QC；（B）TQM；（C）QCC；（D）PDP。

Lc4A2321　质量管理中,"小实活新"是（C）QC 小组选

题的重点。

（A）服务型；（B）管理型；（C）现场型；（D）攻关型。

Lc4A2322 质量管理中，企业推行 **TQM** 时，应注意"三全、一多样"，"三全"中不包括（**C**）。

（A）全员的；（B）全企业的；（C）全方位的；（D）全过程的。

Lc4A2323 按照《电业安全工作规程》规定，完成工作许可手续后，工作负责人（监护人）应向工作班人员交待现场安全措施、（**B**）和其他注意事项。

（A）组织措施；（B）工作内容；（C）带电部位；（D）技术措施。

Lc4A3324 《电业安全工作规程》规定，接地线截面应符合短路电流的要求，但不得小于（**C**）mm^2。

（A）2.5；（B）4；（C）25；（D）40。

Lc4A4325 配电线路的绝缘子多采用（**D**）绝缘子。

（A）棒式；（B）蝴蝶式；（C）悬式；（D）针式。

Lc3A2326 电力系统的供电负荷，是指（**C**）。

（A）综合用电负荷加各发电厂的厂用电；（B）各工业部门消耗的功率与农业交通运输和市政生活消耗的功率和；（C）综合用电负荷加网络中损耗的功率之和；（D）综合用电负荷加网络损耗率和厂用电之和。

Lc3A3327 长途电力输送线，有时采用钢芯铝线，而不采用全铝线的原因，下列说法中正确的是（**A**）。

（A）加强机械强度；（B）避免集肤效应；（C）铝的电阻

率比铜大；（D）降低导线截面。

Lc2A1328 PDCA 循环中，P 阶段包含四个步骤，要因确认是第（C）步。

（A）一；（B）二；（C）三；（D）四。

Lc2A2329 质量管理中，直接反映客户对产品质量要求和期望的质量特性是（A）。

（A）真正质量特性；（B）代用质量特性；（C）使用质量特性；（D）设计质量特性。

Lc2A2330 质量管理中，PDCA 循环反映了质量管理活动的规律，其中 C 表示（C）。

（A）执行；（B）处理；（C）检查；（D）计划。

Lc2A3331 质量管理中，质量控制的目的在于（C）。

（A）严格贯彻执行工艺规程；（B）控制影响质量的各种因素；（C）实现预防为主，提高经济效益；（D）提高产品的设计质量。

Lc1A1332 以下属于电力行业标准代号的是（A）。

（A）DL；（B）GB；（C）SD；（D）JB。

Lc1A1333 行业标准与国家标准的关系是：（B）。

（A）行业标准的技术规定不得高于国家标准；（B）行业标准的技术规定不得低于国家标准；（C）行业标准的技术规定个别条文可以高于或低于国家标准；（D）行业标准的技术规定可以高于或低于国家标准，关键是要经行业主管部门批准。

Lc1A1334 供电质量是指频率、电压、（C）。

（A）电流；（B）电容；（C）供电可靠性；（D）电感。

Lc1A1335 在我国，110kV 及以上的电力系统中性点往往（**B**）。

（A）不接地；（B）直接接地；（C）经消弧线圈接地；（D）A、B 都可。

Lc1A1336 用来控制、指示、测量和保护一次电路及其设备运行的电路图是（**D**）。

（A）主结线图；（B）一次电路图；（C）一次结线图；（D）二次回路图。

Lc1A1337 电气工作人员在 10kV 配电装置中工作，其正常活动范围与带电设备的最小安全距离是（**A**）m。

（A）0.35；（B）0.40；（C）0.50；（D）0.70。

Lc1A1338 电气工作人员在 35kV 配电装置中工作，其正常活动范围与带电设备的最小安全距离是（**C**）m。

（A）0.40；（B）0.50；（C）0.60；（D）0.70。

Lc1A1339 电气工作人员在 110kV 配电装置中工作，其正常活动范围与带电设备的最小安全距离是（**C**）m。

（A）0.50；（B）1.0；（C）1.50；（D）0.70。

Jd5A2340 电能表在进行检查和维修时，一般不应拆动（**A**）。

（A）制动磁铁和电磁铁；（B）电磁铁和转盘；（C）上下轴承；（D）制动磁铁和上下轴承。

Jd5A3341 在一般情况下，电压互感器一、二次电压和电流互感器一、二次电流各与相应匝数的关系是（A）。

（A）成正比、成反比；（B）成正比、成正比；（C）成反比、成反比；（D）成反比、成正比。

Jd5A3342 实践证明，（C）是清洗计度器支架、圆盘和铝质零件最理想的洗涤剂。

（A）白汽油；（B）苛性钠溶液；（C）混合液；（D）苛性钠混合液。

Jd4A1343 清洗电能表上下轴承，如宝石、轴尖以及轴承上的某些部件，属于（A）。

（A）预防性修理；（B）个别性修理；（C）调整性修理；（D）统一性修理。

Jd4A3344 电机、变压器和互感器、电感线圈的铁芯、铁磁电动系仪表的铁芯必须采用（B）。

（A）硬磁材料；（B）铁氧磁体及坡莫合金；（C）高矫顽力材料；（D）镍钴合金。

Jd3A2345 电压线圈引出线裸露部分不同相之间或相对地之间相距不得小于（C）mm。

（A）5；（B）4.5；（C）4；（D）3。

Jd3A3346 重绕或部分重绕的电压线圈匝数，与原线圈相比，误差不大于（A）。

（A）±1%；（B）±2%；（C）±3%；（D）±5%。

Je5A1347 电能表的直观检查是凭借（A）进行的。

（A）检查者的目测或简单的工具；（B）检测工具和仪器；（C）检定装置；（D）专门仪器。

Je5A2348 对同一只电能表来讲，热稳定的时间（**B**）。

（A）电流元件比电压元件长；（B）电压元件比电流元件长；（C）不一定；（D）一样长。

Je5A2349 使用电流互感器和电压互感器时，其二次绕组应分别（**A**）接入被测电路之中。

（A）串联、并联；（B）并联、串联；（C）串联、串联；（D）并联、并联。

Je5A2350 互感器的标准器使用时的二次负荷与其证书上所标负荷之差，不应超过（**B**）。

（A）±5%；（B）±10%；（C）±15%；（D）±20%。

Je5A3351 额定二次电流为 **5A** 的电流互感器，其下限负荷不得低于（**D**）**V·A**。

（A）3.75；（B）1.25；（C）5；（D）2.5。

Je5A5352 对测量用电压互感器采用闭路退磁法时，应在二次绕组上接一个相当额定负荷（**D**）倍的电阻，给一次绕组通以工频电流，由零升至 **1.2** 倍的额定电流，然后均匀缓慢地降至零。

（A）10；（B）5～10；（C）5～20；（D）10～20。

Je4A1353 电流互感器二次回路的连接导线，至少应不小于（**B**）**mm²**。

（A）5；（B）4；（C）3；（D）2。

Je4A2354 三相电能表在调整平衡装置时，应使两颗调整螺钉所处的位置大致相同，否则要产生（**B**）。

（A）驱动力矩；（B）潜动力矩；（C）制动力矩；（D）自

制动力矩。

Je4A2355 在三相电能表结构中，有时将两个制动元件按转动元件轴心对称位置安装，这主要是为了（**B**）。

（A）增加制动力矩；（B）减少转盘转动时产生的侧压力；（C）降低转速；（D）减少各电磁元件间的干扰。

Je4A2356 用直流法测量减极性电压互感器，正极接 **X** 端钮，负极接 **A** 端钮，检测表正极接 **a** 端钮，负极接 **x** 端钮，在合、分开关瞬间检测表指针（**C**）方向摆动。

（A）分别向正、负；（B）均向正；（C）分别向负、正；（D）均向负。

Je4A2357 运行中的电能表，在中间相（即电压线圈公共端，一般为 **B** 相）电压线抽出后，电能表转速变为原转速的一半，是说明此时接线正确的（**A**）。

（A）必要条件；（B）充分条件；（C）充分必要条件；（D）充分非必要条件。

Je4A2358 检定电流互感器时，接地导线截面不得小于（**A**）mm^2。

（A）1.5；（B）2.5；（C）4；（D）1。

Je4A3359 检定电流互感器的升流导线其截面和长度在满足（**A**）的情况下，应尽量缩短升流导线的长度。

（A）互感器一次电流；（B）互感器容量；（C）互感器二次压降；（D）导线电阻要求。

Je4A3360 为了确定互感器的标准器二次回路的工作电压，采用的监视电压表应该为（**C**）级。

（A）0.5；（B）1.0；（C）1.5；（D）2.0。

Je4A4361 用钳形电流表测量电流互感器 Vv 接线时，I_u 和 I_w 电流值相近，而 I_u 和 I_w 两相电流合并后测试值为单独测试时电流的 **1.732** 倍，则说明（**A**）。

（A）一相电流互感器的极性接反；（B）有两相电流互感器的极性接反；（C）有一相电流互感器断线；（D）有两相电流互感器断线。

Je3A1362 **0.3** 级电能表检定装置，标准电压、电流互感器的准确度等级应不低于（**C**）级。

（A）0.02；（B）0.03；（C）0.05；（D）0.1。

Je3A1363 电能计量装置的综合误差实质上是（**B**）。

（A）互感器的合成误差；（B）电能表的误差、互感器的合成误差以及电压互感器二次导线压降引起的误差的总和；（C）电能表测量电能的线路附加误差；（D）电能表和互感器的合成误差。

Je3A2364 下列说法中，正确的是（**A**）。

（A）电能表采用经电压、电流互感器接入方式时，电流、电压互感器的二次侧必须分别接地；（B）电能表采用直接接入方式时，需要增加连接导线的数量；（C）电能表采用直接接入方式时，电流、电压互感器二次应接地；（D）电能表采用经电压、电流互感器接入方式时，电能表电流与电压连片应连接。

Je3A2365 当两只单相电压互感器按 Vv 接线，二次空载时，二次线电压 U_{uv}=0V，U_{vw}=100V，U_{wu}=100V，那么可能是（**A**）。

（A）电压互感器一次回路 U 相断线；（B）电压互感器二

次回路 V 相断线；（C）电压互感器一次回路 W 相断线；（D）无法确定。

Je3A2366 当两只单相电压互感器按 Vv 接线，二次线电压 U_{uv}=100V，U_{vw}=100V，U_{wu}=173V，那么可能是电压互感器（**A**）。

（A）二次绕组 U 相或 W 相极性接反；（B）二次绕组 V 相极性接反；（C）一次绕组 U 相或 W 相极性接反；（D）二次绕组 B 相极性接反。

Je3A2367 当三只单相电压互感器按 YNyn 接线，二次线电压 U_{uv}=57.7V，U_{vw}=57.7V，U_{wu}=100V，那么可能是电压互感器（**B**）。

（A）二次绕组 U 相极性接反；（B）二次绕组 V 相极性接反；（C）二次绕组 W 相极性接反；（D）一次绕组 A 相断线。

Je3A3368 改善电能表过载特性的措施有（**A**）。

（A）增加电压铁芯中间柱截面积；（B）采用高矫顽力和高剩磁感应的制动磁钢；（C）提高轴承和计度器的加工制造工艺减小摩擦力矩；（D）增加电能表转盘转速。

Je3A3369 现场测得电能表第一元件接 I_u、U_{vw}，第二元件接 $-I_w$、U_{uw}，则更正系数为（**A**）。

(A) $\dfrac{2\sqrt{3}}{\sqrt{3}+\tan\varphi}$ ；(B) $\dfrac{2}{1-\sqrt{3}\tan\varphi}$ ；(C) $\dfrac{-2}{1-\sqrt{3}\tan\varphi}$ ；(D) 0。

Je3A3370 对检定装置中调压器的要求：调节细度不应低于装置中工作标准表准确度等级的（**A**）。

（A）1/3；（B）1/2；（C）1/5；（D）1/10。

Je2A1371 中性点有效接地的高压三相三线电路中，应采用（**B**）的电能表。

（A）三相三线；（B）三相四线；（C）A、B均可；（D）高精度的三相三线。

Je2A1372 复费率电能表可通过走字试验，连续运行。根据电台报时声，每隔（**A**）h测定 1 次计时误差，取 3 次测定的平均值，即为平均日计时误差。

（A）24；（B）72；（C）6；（D）48。

Je2A1373 对复费率电能表，进行走字试验时，连续走字时间大于 72h，小负载电流运行的时间不得少于总时间的 20%，且期间要有（**C**）的断电送电过程，以检查单片机运行是否正常，数据保存是否正确。

（A）三次以上；（B）两次；（C）两次以上；（D）三次。

Je2A1374 两台单相电压互感器按 Vv 形连接，二次侧 B 相接地。若电压互感器额定变比为 10 000V/100V，一次侧接入线电压为 10 000V 的三相对称电压。带电检查二次回路电压时，电压表一端接地，另一端接 A 相，此时电压表的指示值为（**B**）V 左右。

（A）58；（B）100；（C）172；（D）0。

Je2A1375 电能表检定装置中，标准表准确度等级为 0.1 级，那么装置调压器的调节细度应不大于（**B**）。

（A）0.01%；（B）0.03%；（C）0.05%；（D）0.1%。

Je2A1376 电能表检定装置调节细度的测定应在装置（**D**）条件下，在调节器输出电压（电流）额定值附近进行。

（A）带最大负载；（B）带额定负载；（C）带最小负载；

（D）带最大负载或最小负载。

Je2A1377 接入中性点非有效接地的高压线路的计量装置，宜采用（B）。

（A）三台电压互感器，且按 YNyn 方式接线；（B）二台电压互感器，且按 Vv 方式接线；（C）三台电压互感器，且按 Yy 方式接线；（D）两台电压互感器，接线方式不定。

Je2A2378 检定装置在 **30A** 以下额定负载范围内，调节任一相电压（电流），其余两相电压（电流）的变化应不超过（C）。

（A）±2%；（B）±5%；（C）±3%；（D）±1.5%。

Je2A2379 电流互感器的二次负荷阻抗的幅值增大时，（B）。

（A）比差正向增加，角差正向增加；（B）比差负向增加，角差正向增加；（C）比差正向增加，角差负向增加；（D）比差负向增加，角差负向增加。

Je2A2380 对电能表检定装置进行绝缘强度试验时，应选用额定电压为 **1kV** 的绝缘电阻表测量绝缘电阻，电阻值应不小于（B）。

（A）2MΩ；（B）5MΩ；（C）2kΩ；（D）2.5MΩ。

Je2A2381 电流、电压互感器与单相有功表合用时，互感器的合成误差为（C）（电流互感器比差为 f_I，角差为 α，电压互感器比差为 f_U，角差为 β）。

（A）$f_I+f_U+(\alpha+\beta)\tan\varphi$；（B）$f_I+f_U+0.029(\alpha+\beta)\tan\varphi$；（C）$f_I+f_U+0.029(\alpha-\beta)\tan\varphi$；（D）$f_I+f_U+0.029(\alpha-\beta)\mathrm{ctan}\varphi$。

Je2A2382 在有电压互感器的电能表检定装置中测试电

78

压回路接入标准表与被检表端钮间电位差，此电位差是指（C）。

（A）标准表与被检表同相端钮间的电位差；（B）标准表端钮上电压与被检表端钮上电压的算术差；（C）被检表和电压互感器初级同相两对电压端钮间电位差之和；（D）被检表和电压互感器初级同相端钮间单根导线上的电位差。

Je2A2383 安装在客户处的 **35kV** 以上计费用电压互感器二次回路，应（**B**）。

（A）不装设隔离开关辅助触点和熔断器；（B）不装设隔离开关辅助触点，但可装设熔断器；（C）装设隔离开关辅助触点和熔断器；（D）装设隔离开关辅助触点。

Je2A3384 检定装置中标准表与被检表同相电压回路间的电位差与被检表额定电压的百分比应不超过检定装置准确度等级值的（**B**）。

（A）1/3；（B）1/5；（C）1/10；（D）1/20。

Je2A3385 单相检定装置的保护装置跳闸或熔断器断开，其原因可能是（**A**）。

（A）因接错线将装置的电流回路与电压回路短路；（B）装置的标准电流互感器二次回路短路；（C）被检表的电压、电流线路的连接片被断开；（D）被检表的电流线路断开，未形成回路。

Je2A3386 被检表为三相三线 **3×100V** 的电能表时，要求 **0.1** 级的检定装置电压回路接入标准表与被检表端钮间电位差不可超过（**A**）mV。

（A）20；（B）40；（C）60；（D）11.5。

Je2A3387 计算电流互感器的二次负荷阻抗时，设每根导

线的电阻为 R，电流互感器为不完全星形接线，则外接导线电阻为（C）。

（A）R；（B）$2R$；（C）$\sqrt{3}\,R$；（D）$2\sqrt{3}\,R$。

Je1A2388 电流互感器进行匝数补偿后（C）。

（A）补偿了比差，又补偿了角差；（B）能使比差减小，角差增大；（C）补偿了比差，对角差无影响；（D）对比差无影响，补偿了角差。

Je1A2389 在对电子式电能表进行静电放电试验时，如被试电能表的外壳虽有涂层，但未说明是绝缘层，应采用（A）。

（A）接触放电；（B）间接放电；（C）气隙放电；（D）静电屏蔽。

Je1A3390 电流互感器二次线圈并联外加阻抗补偿后，（A）。

（A）减小了比差和角差；（B）比差不变，角差减小；（C）比差减小，角差不变；（D）比差增大，角差减小。

Je1A3391 电流互感器进行短路匝补偿后，可（B）。

（A）减小角差和比差；（B）减小角差，增大比差；（C）减小角差，比差不变；（D）减小比差，角差不变。

Je1A2392 用互感器校验仪测定电压互感器二次回路压降引起的比差和角差时，采用户外（电压互感器侧）的测量方式（C）。

（A）使标准互感器导致较大的附加误差；（B）所用的导线长一些；（C）保证了隔离用标准电压互感器不引入大的附加误差；（D）接线简单。

Jf5A3393 为保证电能计量的准确性，对新装、改装重接二次回路后的电能计量装置，应在投运后（**D**）内进行现场检验，并检查二次回路接线的正确性。

（A）10个工作日；（B）15个工作日；（C）两个月；（D）一个月。

Jf4A1394 高压设备上需要全部停电或部分停电的工作应（**A**）。

（A）填用第一种工作票；（B）填用第二种工作票；（C）有口头命令；（D）有电话命令。

4.1.2　判断题

判断下列描述是否正确，对的在括号内打"√"，错的在括号内打"×"。

La5B1001　电能表是专门用来测量电能的一种表计。（√）

La5B1002　国际单位制的基本单位，国际上简称为 SI 基本单位。SI 基本单位共有 9 个。（×）

La5B1003　1 焦耳是当 1N 的力作用在力的方向上移动 1m 距离所做的功。（√）

La5B1004　在串联电路中流过各电阻的电流都不相等。（×）

La5B1005　当电路中某一点断线时，电流 I 等于零，称为开路。（√）

La5B1006　1kW·h=3.6×10^8J（×）

La5B1007　当磁铁处于自由状态时，S 极指向北极，N 极指向南极。（√）

La5B1008　磁场强的地方，磁力线密集；磁场弱的地方，磁力线稀疏。（√）

La5B1009　在 100Ω 的电阻器中通以 5A 电流，则该电阻器消耗功率为 500W。（×）

La5B1010　计量检定必须按照国家计量检定系统表进行，必须执行计量检定规程。（√）

La5B1011　加强计量监督管理最核心的内容是保障国家计量单位制的统一和量值的准确可靠。这也是计量立法的基本点。（√）

La5B1012　《中华人民共和国电力法》已由中华人民共和国第八届全国人民代表大会常务委员会第十七次会议于 1995 年 12 月 28 日通过。自 1996 年 4 月 1 日起施行。（√）

La5B1013　电阻是表征导体对电流的阻碍作用的物理

量。（√）

La5B1014　电场强度反映电场的力的特征，电位反映电场的能的特征，电压反映电场力做功的能力。（√）

La5B1015　近似数 0.008 00 为六位有效位数。（×）

La5B1016　正弦交流量的三要素：角频率、初相角和时间。（×）

La5B1017　交流电的周期和频率互为倒数。（√）

La5B2018　既有大小，又有方向的量叫标量。（×）

La5B2019　已知 a，b 两点之间的电位差 $U_{ab}=-16V$，若以点 a 为参考电位（零电位）时，则 b 点的电位是 16V。（√）

La5B2020　电压单位 V 的中文符号是伏。（√）

La5B2021　金属导体的电阻除与导体的材料和几何尺寸有关外，还和导体的温度有关。（√）

La5B2022　在电阻为 10Ω 的负载中，要流过 5A 的电流，必须有 50V 的电压。（√）

La5B2023　一只量限为 100V，内阻为 10kΩ 的电压表，测量 80V 的电压时，在表内流过的电流是 10mA。（×）

La5B2024　电阻率的倒数为电导率，单位是 S/m。（√）

La5B2025　将两根长度各为 10m，电阻各为 10Ω 的导线并接起来，总的电阻为 5Ω。（√）

La5B2026　计量器具经检定不合格的，应在检定证书上注明不合格。（×）

La5B2027　在书写单位词头时，10^3 及以上的词头用大写字母，其余为小写字母。（×）

La5B2028　计量器具检定合格的，由检定单位出具检定结果通知书。（×）

La5B2029　《中华人民共和国计量法》于 1986 年 7 月 1 日起施行。（√）

La5B3030　载流线圈内部磁场的方向可根据线圈的右手螺旋定则来确定。（√）

La5B3031 感应电流的方向跟感应电动势的方向是一致的,即感应电流由电动势的高电位流向低电位。(×)

La5B3032 有三个电阻并联使用,它们的电阻比是 1:3:5,所以,通过三个电阻的电流之比是 5:3:1。(×)

La5B3033 当使用电流表时,它的内阻越小越好;当使用电压表时,它的内阻越大越好。(√)

La5B3034 准确度是表示测量结果中系统误差大小的程度。(√)

La5B3035 《中华人民共和国计量法》的内容有六章三十五条。(√)

La5B4036 两只额定电压为 220V 的白炽灯泡,一个是 100W,一个是 40W。当将它们串联后,仍接于 220V 线路,这时 100W 灯泡亮,因为它的功率大。(×)

La5B4037 把一条 32Ω 的电阻线截成 4 等份,然后将 4 根电阻线并联,并联后的电阻是 8Ω。(×)

La5B4038 用于表达允许误差的方式有绝对误差、引用误差、相对误差。(√)

La4B1039 在 RC 串联电路中发生的谐振叫作串联谐振。(×)

La4B1040 两只 10μF 电容器相串联的等效电容应为 20μF。(×)

La4B1041 基尔霍夫第一定律又称节点电流定律,它的内容是:流入任一节点的电流之和,等于流出该节点的电流之和。(√)

La4B1042 磁通的单位是韦伯,符号为 Wb。(√)

La4B1043 规定把电压和电流的乘积叫作视在功率,视在功率的单位为伏安,单位符号为 V·A。(√)

La4B1044 电场强度反映电场的力的特征,电位反映电场的能的特征,电压反映电场力做功的能力。(√)

La4B1045 自由电荷在电场力的作用下做有规则的定向

运动形成电流。(√)

La4B1046　磁通量的单位是特斯拉,单位符号为 T。(×)

La4B1047　在负载为三角形接法的三相对称电路中,线电压等于相电压。(√)

La4B1048　检定证书必须有检定、核验人员签字并加盖检定单位印章。(×)

La4B2049　功率为 100W、额定电压为 220V 的白炽灯,接在 100V 电源上,灯泡消耗的功率为 25W。(×)

La4B2050　有一只量程为 1mA、内阻为 100Ω的 1.0 级毫安表,欲扩大量限至 100mA,应在表头并联 1000Ω的分流电阻。(×)

La4B2051　对电能表进行仲裁检定和对携带式电能表检定时,合格的,发给"检定证书",不合格的,发给"检定结果通知书"。(√)

La4B2052　在三相对称电路中,功率因数角是指线电压与线电流之间的夹角。(×)

La4B2053　功率因数是有功功率与无功功率的比值。(×)

La4B2054　三相电路中,线电压为 100V,线电流 2A,负载功率因数为 0.8,则负载消耗的功率为 277.1W。(√)

La4B2055　在三相对称 Y 形接线电路中,线电流等于 10A,所以相电流也等于 10A。(√)

La4B3056　有一个 R、L 串联电路,已知外加电压 220V,R=100Ω,L=0.5H,频率为 50Hz,那么电路中的电流应是 0.8A。(×)

La4B3057　当晶体管的发射结正偏、集电结正偏时,晶体管处于饱和状态。(×)

La4B3058　电阻真值是 1000Ω,测量结果是 1002Ω,则该电阻的误差是 0.2%。(×)

La3B2059　磁场强度单位名称是"安培每米",简称"安每米"。(√)

La3B2060 有一个电路，所加电压为 U，当电路中串联接入电容后，若仍维持原电压不变，电流增加了，则原电路是感性的。（√）

La3B3061 三只 0.1 级的电阻串联后，其合成电阻的最大可能相对误差是 0.3%。（×）

La3B3062 （绝对）测量误差国际通用定义是测量结果减去被测量的（约定）真值。（√）

La2B1063 大客户实行的两部制电价其中，基本电费以最大需量作为计算依据。（×）

La1B1064 增加或更换计量标准器后，改变了计量标准的不确定度，但不改变原计量标准测量范围，可不必重新申请考核。（×）

La1B1065 我国的计量法规体系分三个层次，分别为计量法律、计量法规和计量规章。（√）

La1B1066 电能表检定装置的稳定性变差包含短期稳定性变差和检定周期内变差。（√）

La1B1067 A 类不确定度的评定方法为统计方法。（√）

La1B1068 B 类不确定度的评定方法是用不同于对观测列进行统计分析方法来评定的。（√）

La1B1069 不确定度的评定方法 A 类、B 类是与过去的"随机误差"与"系统误差"的分类相对应的。（×）

La1B1070 测量结果的重复性与复现性两个概念是一致的。（×）

La1B1071 测量不确定度是表征合理地赋予被测量之值的分散性，与测量结果相联系的参数。（√）

La1B1072 重复性就是在相同条件下（相同方法、相同操作者、相同测量器具、相同地点、相同使用条件）在极短时间内对一个量多次测量所得结果的一致性。（√）

La1B1073 复现性是指在相同测量条件下，对同一被测量进行连续多次测量所得结果之间的一致性。（×）

La1B2074　扩展不确定度 U 由合成标准不确定度 U_c 乘以包含因子 k 得到。（√）

La1B2075　没有计量检定规程的工作计量器具，应通过校准、比对等方式实现量值溯源后，方可使用。（√）

Lb5B1076　电能表满载调整装置用来调整制动力矩。（√）

Lb5B1077　电流互感器一次 L1 为流入端，那么二次 K1 也为流入端。（×）

Lb5B2078　起动试验中，字轮式计度器同时进位的字轮不得多于 2 个。（√）

Lb5B2079　有功电能的计量单位的中文符号是千瓦·时。（√）

Lb5B2080　在机电式电能表的电压铁芯上设置的磁分路装有导电的短路片，其作用是改变制动力矩的大小。（×）

Lb5B2081　电能表指示转盘上供计读转数的色标应为转盘周长的 10%。（×）

Lb5B2082　由于电能计量实验室的环境对检验电能表有影响，因此对实验室温度的要求为 20℃，湿度为 85%。（×）

Lb5B2083　电能表铭牌上电流标准为 3（6）A，其中括号内表示最大电流。（√）

Lb5B2084　校核电能表的常数，实质上是指校核计度器传动比和电能表常数是否相符。（√）

Lb5B2085　电能表的基本误差随着负载电流和功率因数变化的关系曲线称为电能表的特性曲线。（√）

Lb5B2086　驱动元件由电流元件和电压元件组成。（√）

Lb5B2087　电能表的电压铁芯磁分路结构的作用是将电压磁通分为电压工作磁通和非工作磁通两部分。（√）

Lb5B2088　电能表潜动的主要原因是轻负载补偿不当或电磁元件装配位置不对称引起的。（√）

Lb5B2089　机电式电能表的转盘是用纯铝板制成的，这是因为铝的导电率高、质量轻、不易变形。（√）

Lb5B2090 机电式电能表的转盘转动的快慢决定于瞬时转矩在一个周期内的平均值。（√）

Lb5B2091 在轻载时，摩擦力矩和电压铁芯的非线性对电能表误差影响最大。（×）

Lb5B2092 一个交变磁通穿过转盘时，与其在转盘上感生的涡流之间相互作用产生转矩，其大小与磁通和电流的乘积成正比。（×）

Lb5B2093 一般机电式电能表的 U 形电流铁芯的开口处安装了一块比铁芯截面小的磁分路块，它的作用与电压铁芯的磁分路作用相同。（×）

Lb5B2094 机电式电能表的驱动力矩是由电压元件和电流元件产生的，电压元件的功率消耗要比电流元件小。（×）

Lb5B2095 JJG 307—2006《机电式交流电能表》规定，1.0 级有止逆器电能表的允许起动电流值为 $0.005I_b$。（√）

Lb5B2096 在电能表刚开始通电和通电到达热稳定状态的这段时间内,电能表误差的变化叫作电能表的自热特性。（√）

Lb5B3097 判断电能表的驱动力矩方向是右手定则。（×）

Lb5B3098 在不平衡负载试验，当负载电流为 $0.2I_b \sim I_b$ 时，对 2.0 级有功电能表的基本误差限规定为 ±2.5%。（×）

Lb5B3099 三相两元件电能表,只能对完全对称的负载进行正确测量。（×）

Lb5B3100 有两位小数的计度器,常数为 1500r/(kW·h)，它的传动比为 15 000。（×）

Lb5B3101 有一只 2.0 级有功电能表，某一负载下测得基本误差为 +1.146%，修约后数应为 +1.2%。（√）

Lb5B3102 机电式电能表安装倾斜时，将产生负误差。（√）

Lb5B3103 塑料外壳电能表可以不进行工频耐压试验。（×）

Lb5B3104 计度器的传动比等于被动轮齿数与主动轮齿

数的比值乘积。（√）

Lb5B3105 电能表防潜力矩的大小与电压成正比。（×）

Lb5B3106 现场检验电能表时，电压回路的连接导线以及操作开关的接触电阻、引线电阻之和不应大于 0.3Ω。（×）

Lb5B3107 机电式电能表的电磁元件装配不对称以及回磁极位移，将影响电能表的起动和轻载特性，可能引起潜动。（√）

Lb5B3108 调整三相三线有功电能表的分组元件误差时，在运行相序及负载性质未知的情况下，应将分组元件的误差调至最小，并且相等。（√）

Lb5B3109 无功电能表的转动方向，不但与无功功率的大小有关，还决定于负载的性质和三相电路相序。（√）

Lb5B4110 电能表的回磁极断裂，电能表的转速不变。（×）

Lb5B4111 机电式电能表在其工作电流的一个周期内各个时间的转矩是变化量，所以它的转盘转动的快慢决定于瞬时转矩的大小。（×）

Lb5B5112 电能表的负载特性曲线主要反映电能表带负载能力大小。（×）

Lb4B1113 机电式电能表的磁推轴承的主要特点是磁环在垂直方向磁力很稳定，在水平方向磁力不稳定，所以仅存在着由于侧压力造成的摩擦力矩。（√）

Lb4B1114 电能表的安装应垂直，倾斜度不应超过 2°。（×）

Lb4B1115 不平衡负载试验，2.0 级安装式三相电能表，在每组元件功率因数为 0.5（感性），负载电流为 I_b 的情况下，基本误差限为 ±3.0。（√）

Lb4B1116 平衡负载时，当 1.0 级三相有功电能表负载电流为 $0.1I_b \sim I_{max}$，$\cos\varphi = 1.0$ 时，其基本误差限为 ±1.0%。（√）

Lb4B1117 永久磁铁的制动力矩与转盘角速度成正比。（√）

Lb4B1118 电能表现场检验工作至少 2 人担任,并应严格遵守《电业安全工作规程》的有关规定。(√)

Lb4B1119 机电式电能表制动力矩的方向与转盘转动方向相反,与永久磁铁的极性有关。(×)

Lb4B2120 电能计量装置包括计费电能表,电压、电流互感器及二次连接导线。(√)

Lb4B2121 当工作电压改变时,引起电能表误差的主要原因是电压铁芯产生的自制动力矩改变。(√)

Lb4B2122 机电式电能表的测量机构一般由驱动元件、转动元件、制动元件组成。(×)

Lb4B2123 DS864 为三相二元件有功电能表。(√)

Lb4B2124 计度器的第一齿轮与转轴上的蜗杆齿的啮合深度越深越好。(×)

Lb4B2125 除环境、温度、磁场,还有电压变化对电能表有影响外,频率、波形对电能表没有影响。(×)

Lb4B2126 单位千瓦小时(kW·h),俗称"度",是电功率的单位。(×)

Lb4B2127 机电式电能表的误差调整装置主要有永久磁钢、轻载补偿和相位角补偿元件。(√)

Lb4B2128 作用在电能表转动元件上的力矩跟转矩方向相同的是轻载补偿力矩。(√)

Lb4B2129 内相角 60° 型无功电能表是在三相二元件有功电能表的电流线圈上分别串接一个附加电阻。(×)

Lb4B2130 为了提高电能表的过载能力,改善过载特性曲线,应用最广泛的方法是增大电流铁芯在过载时电流工作磁通与电流间的非线性,引入正误差,以补偿上述原因造成的负误差。(√)

Lb4B2131 无功电能表反转,除因无功功率输送方向相反外,还受相序和负载性质影响。(√)

Lb4B2132 制动力矩是由感应电流与永久磁铁的磁通相

互作用产生的。（×）

Lb4B2133 安装式电能表的标定电流是指长期允许的工作电流。（×）

Lb4B2134 1.0 级电能表某点误差为+0.750%，其化整后应为+0.70%。（×）

Lb4B2135 0.2 级的电能表检定装置用于检定 0.2 级及以下的电能表。（×）

Lb4B2136 影响电能表轻载时误差的主要因素,除了摩擦力矩之外，还有电磁元件装配的几何位置。（×）

Lb4B2137 电能表的上下轴承用以支撑转动元件并对转轴导向,电能表轻载时的误差很大程度上取决于下轴承的质量。（√）

Lb4B2138 发电厂或变电站中，月平均积算电量少于50 000kW·h 的电能表,其检定或轮换周期不得超过 4 年。（√）

Lb4B2139 机电式电能表的驱动元件的布置形式,有辐射式和切线式两种。（√）

Lb4B2140 在 DD28 型电能表中,温度补偿片所补偿的工作磁通是电流工作磁通。（√）

Lb4B2141 DS864-4 型电能表相位补偿调整装置通过粗调α_1角，细调β角来达到调整误差的目的。（×）

Lb4B2142 机电式电能表潜动主要是由于轻载补偿不当引起的。（√）

Lb4B2143 所有机电式电能表都有满载调整装置、相角调整装置、轻载调整装置和平衡调整装置。（×）

Lb4B2144 当工作电压改变时,引起感应系电能表误差的主要原因是负载功率的改变。（×）

Lb4B2145 三相电能表在调整平衡装置时,应使两颗调整螺钉所处的位置大致相同，否则要产生附加力矩。（√）

Lb4B3146 减少电能表自热影响的根本方法是降低电能表的转速。（×）

Lb4B3147　机电式电能表的工作频率改变时,对幅值误差影响较大。(×)

Lb4B3148　Ⅰ类电能计量装置的有功电能表用 0.5 级,无功电能表用 2.0 级,互感器用 0.5 级。(×)

Lb4B3149　采用磁力轴承,必须保证轴承永久磁钢的磁力均匀和磁钢的磁性长期稳定不变,不退磁,才能保证电能表的精度和寿命。(√)

Lb4B3150　线圈电阻是改变角差的主要原因。(√)

Lb4B3151　转盘在空气中的摩擦,可不算电能表摩擦力矩的一部分。(×)

Lb4B3152　三相二元件电能表,元件间转矩不平衡主要是由于各组元件电气特征的差异或装配不当引起的。(√)

Lb4B3153　当环境温度改变时,造成电能表幅值误差改变的主要原因是铁芯损耗的改变。(×)

Lb4B3154　电能表的相对误差,应按规定的间距化整,在需要引入检验装置系统误差进行修正时,应先化整后修正。(×)

Lb4B3155　一只 0.5 级电能表,当测得的基本误差为 +0.325%时,修约后的数据应为+0.33%。(×)

Lb4B3156　60°型三相三线无功电能表电压线圈串联电阻的作用是调整电压线圈电压与电压磁通夹角。(√)

Lb4B3157　当 $\cos\varphi=1$ 时,温度升高,感应系电能表误差趋向于快。(√)

Lb4B3158　三相三线有功电能表的误差反映了两组测量元件误差的代数和。(×)

Lb4B3159　在电能表的电流铁芯上装设有短路线圈,其作用是用来调整电流磁路的损耗,以达到调整电能表角差的目的。(√)

Lb4B3160　周期检定的电能表潜动试验时,应加 80%或110%额定电压。(×)

Lb4B4161　2.0 级机电式电能表的电压线路最大功率损耗

为 12V·A。（×）

Lb4B4162 电能表相位误差调整装置由电流铁芯附加调整装置和电压铁芯附加调整装置两大类构成。（√）

Lb4B4163 如果测得一台标准电能表在某种条件下的单次测量标准偏差估计值为±0.02%，那么在相同条件下使用这台标准电能表时，随机误差极限值为±0.04%。（×）

Lb4B4164 为使机电式电能表电压工作磁通 ϕ_U 与电压 U 之间的相角 β 满足必须的相位关系，电压铁芯都具有磁分路结构，一般非工作磁通 ϕ_f 与工作磁通 ϕ_U 近似相等。（×）

Lb4B4165 电流互感器应分别在其额定二次负荷的 100%、25% 及 $\cos\varphi$=0.8 的条件下测定误差，但对二次额定电流为 5A 的电流互感器，其负载下限不应小于 0.15Ω。（×）

Lb3B1166 Ⅲ类电能计量装置的有功、无功电能表与测量用电压、电流互感器的准确度等级分别为 1.0 级、2.0 级、0.5 级、0.5S 级。（√）

Lb3B1167 标准电能表电压接线，必须注意每相电压的高低电位端。一般电压低端指的是电压为额定值时，对地电动势低的一端。（√）

Lb3B2168 电能表在正常工作条件下运行寿命和许多因素相关，但其中最主要的是永久磁钢的寿命。（×）

Lb3B2169 60°型三相三线无功电能表电压线圈串联电阻的作用是防止电压线圈短路。（×）

Lb3B2170 Ⅰ类客户包括月平均用电量 500 万 kW·h 及以上，或者变压器容量为 10 000kV·A 及以上的高压计费客户。（√）

Lb3B2171 0.1 级准确度等级的检定装置中，使用的工作标准表准确度等级应为 0.1 级。（√）

Lb3B2172 从测量误差的观点来看，电能表检定装置的准确度反映了各类误差的综合,包括装置的系统误差和随机误差。（√）

Lb3B2173 客户可自行在其内部装设考核能耗用的电能表，但该表所示读数不得作为供电企业计费依据。（√）

Lb3B2174 测定 0.2 级电能表的基本误差时，检定装置的综合误差应不超过 0.1%。（×）

Lb3B2175 测定电子式标准电能表的绝缘电阻时，应采用 1000V 的绝缘电阻表。（√）

Lb3B2176 非正弦三相无功电能表，当三相不对称时，有附加误差，因此现场检验时，要求三相检验电路完全对称。（×）

Lb3B3177 当环境温度改变时，引起电能表角差改变的主要原因是永久磁铁磁通量的改变。（×）

Lb3B3178 三相三线内相角为 60° 的无功电能表，能够用在复杂不对称电路而无线路附加误差。（×）

Lb3B3179 看门狗电路的作用是在单片机运行过程中，当程序进入了局部死循环或程序停留在某条不应该停留的指令上时，产生一个中断信号或复位信号，把单片机从死机状态解脱出来。（√）

Lb3B3180 电子式多功能电能表由电测量单元和数据处理单元等组成。（√）

Lb3B3181 测定电能表基本误差时，要求频率对额定值的偏差，对于 0.5 级和 0.1 级表应不超过 ±0.2%。（×）

Lb3B3182 当电压互感器二次负荷的导纳值减小时，其误差的变化是比差往负，相差往正。（×）

Lb3B3183 一般电能表 U 形电流铁芯的开口处还装了一块比铁芯截面小的磁分路块，其作用是过载补偿。（√）

Lb3B3184 A/D 转换器的采样频率愈高，电能表的测量精度也愈高。（√）

Lb3B3185 电能表脉冲输出电路的基本形式为有源输出和无源输出。（√）

Lb3B4186 我们通常所说的一只"5A、220V"单相电能表，这里的 5A 是指这只电能表的额定电流。（×）

Lb3B4187 对于一只 2.0 级电能表，某一负载下测定的基本误差为+1.146%，修约后的数据应为 1.16。（×）

Lb3B4188 如果系统误差可以确定，那么检定装置的准确度用不确定度表示更为确切。（√）

Lb3B4189 评价一个标准计量装置的准确度，主要是考核其系统误差，越小越好。（√）

Lb3B4190 有一只 0.2 级电能表，当测定的基本误差为 0.310%时，修约后的数据应为 0.30%。（×）

Lb3B4191 电子式电能表在 24h 内的基本误差改变量的绝对值（%）不得超过该表基本误差限绝对值的 1/5。（√）

Lb3B5192 电压互感器的空载误差与铁芯的导磁率成正比。（√）

Lb3B5193 对一般的电流互感器来说，当二次负荷的 $\cos\varphi$ 值增大时，其误差偏负变化。（×）

Lb3B5194 一个交变磁通穿过转盘时，与转盘上感生的涡流之间相互作用产生转矩，其大小与磁通和电流的乘积成正比。（×）

Lb2B1195 电能计量装置原则上应装在供电设施的产权分界处。（√）

Lb2B2196 相位表法即用便携式伏安相位表测量相位，绘制相量图，进行接线分析。（√）

Lb2B2197 全电子多功能电能表与机电一体式电能表的主要区别在于电能测量单元的结构不同。（×）

Lb2B3198 如果系统误差可以确定，那么检定装置的准确度用系统误差表示更为确切。（×）

Lb2B3199 最大需量表测得的最大需量值是指电力客户在某一段时间内，负荷功率按规定时限平均功率的最大值。（√）

Lb2B3200 检验有功电能表和无功电能表时，发现它们的某一调整装置相同，可是调整后的作用却相反。那么这种调整装置是满载调整装置。（×）

Lb2B3201 电能表中专门加装的用以补偿摩擦力矩和电压误差的装置叫轻负载调整装置。（×）

Lb2B3202 计费电能表应装在产权分界处。如不装在产权分界处，变压器有功、无功损失和线路损失由产权所有者负担。（√）

Lb2B4203 电子式电能表周期检定时，应先进行工频耐压试验。（×）

Lb2B4204 检定装置中调节功率因数值用的移相器，在整个移相范围内引起被调输出电压（或电流）的变化率应不超过±1.5%。（√）

Lb2B4205 当工作电压改变时，引起电能表误差的主要原因是电压工作磁通改变，引起转动力矩的改变。（×）

Lb2B4206 静止式电能表的测量元件均采用时分割乘法器。（×）

Lb2B4207 在正常运行时，电流互感器的一次侧电流应尽量为额定电流的 2/3 左右，至少不得低于 1/3。（√）

Lb2B4208 现场检验电能表时，负载应为实际的使用负载，负载电流低于被试电能表标定电流的 10%或功率因数低于 0.5 时，不宜进行检验。（√）

Lb2B4209 检定 0.5 级、2.0 级机电式电能表时，电压对额定值的允许偏差分别为 0.5%、1.0%。（√）

Lb2B4210 校定 0.5 级、2.0 级机电式电能表的环境温度与标准值的偏差，允许值分别为±1、±2℃。（×）

Lb2B5211 机电式电能表当环境温度升高时，在 $\cos\varphi=1.0$ 情况下，误差呈"＋"方向变化，在 $\cos\varphi=0.5$ 感性情况下，误差呈"－"方向变化。温度下降时，情况相反。（√）

Lb2B5212 霍尔乘法型电子式多功能电能表的误差主要来源于霍尔元件的精度，以及积分电路的积分误差。（√）

Lb2B5213 电能表的制动元件是永久磁铁。对其质量要求是高剩磁感应强度、高矫顽力和小的温度系数。（√）

Lb2B5214 60°型三相无功电能表适用于简单不对称的三相三线制电路计量无功电能。（√）

Lb1B1215 电能表检定装置的准确度等级按无功测量的准确度等级划分。（×）

Lb1B2216 当采样时间为 10s 时，电能值的分辨力与电能值之比应不超过装置对应误差的 1/10。（√）

Lb1B2217 如果测得一台标准电能表在某种条件下的单次测量标准偏差估计值为±0.02%，那么在相同条件下使用这台标准电能表时，随机误差极限值为±0.04%。（×）

Lb1B2218 检定 110kV 及以上电压互感器时，禁用硬导线作一次线。（√）

Lb1B2219 电能表运行的外界条件与检定条件不同而引起的电能表误差改变量称为电能表的附加误差。（√）

Lb1B2220 装置首次检定后进行第一次后续检定，此后后续的检定周期为 2 年。（√）

Lb1B2221 装置连续两次检定合格，且基本误差和周期内变差均不超过 4/5 最大允许误差时，检定周期延长 1 年。（×）

Lb1B2222 电压互感器有额定电压因数的规定，这个参数实际是针对接地电压互感器的，对不接地电压互感器，额定电压因数均取 1.5（1.2）。（×）

Lb1B2223 被试电能表的准确度等级为 1.0 级时，检定装置中标准电能表和标准互感器的准确度等级分别为 0.2 级、0.02 级。（√）

Lb1B4224 对三相电能表做电压跌落和电压中断试验时，应三相同时试验，电压的过零条件，将只在一相实现。（√）

Lc4B1225 为了防止触电事故，在一个低压电网中，不能同时共用保护接地和保护接零两种保护方式。（√）

Lc4B1226 现场检验电能表时，严禁电流互感器二次回路开路，严禁电压互感器二次回路短路。（√）

Lc4B1227 故障电能表的更换期限，城区不超过 3 天，其

他地点不超过 7 天。（√）

Lc4B1228 因违约用电或窃电造成供电企业供电设施损坏的，责任者必须承担供电设施的修复费用或进行赔偿。（√）

Lc4B1229 供电方式应按安全、可靠、经济、合理和便于管理的原则确定。（√）

Lc4B2230 输送给变压器的无功功率是变压器与电源交换的功率。（√）

Lc4B2231 按照《电业安全工作规程》规定，完成工作许可手续后，工作负责人应向工作班人员交待现场安全措施、工作内容和其他注意事项。（√）

Lc4B3232 220V 单相供电的，供电电压允许偏差为额定值的±7%。（×）

Lc3B3233 对计量纠纷进行仲裁检定由县级以上人民政府计量行政部门指定的有关计量机构进行。（√）

Lc2B3234 互感器或电能表误差超出允许范围时，以"0"误差为基准，按验证后的误差值退补电量。（√）

Lc2B3235 无论什么原因使电能表出现或发生故障，供电企业应负责换表，不收费用。（×）

Lc2B3236 计费电能表及附件的购置、安装，可由用户办理，而后由供电企业进行验收。（×）

Lc2B4237 发电厂和 220kV 及以上变电站母线的电量不平衡率不应超过±1%，220kV 以下变电所母线的电量不平衡率不应超过±2%。（√）

Lc1B2238 中性点不接地运行方式适用于 110kV 及以上电力系统。（×）

Je5B1239 安装式电能表的直观检查包括外部检查和内部检查两部分。（√）

Je5b1240 在现场检验的全过程中，严禁交流电压回路开路。（×）

Je5B1241 当用三只单相标准表校验三相四线有功电能

表时，标准表读数应为三只标准电能表读数的绝对值之和。（×）

Je5B2242 在运行中的电能表有时会反转，那么这只电能表接线一定是错误的。（×）

Je5B2243 测定基本误差时，负载电流应按逐次增大的顺序且待转速稳定后进行。（×）

Je5B2244 安装式电能表校核常数通常采用计读转数法和走字试验法。（√）

Je5B2245 安装式电能表的检定项目有工频耐压试验、潜动试验、起动试验、校核常数、测定基本误差。（×）

Je5B3246 单相电能表电压线圈跨接在电源端或负载端都是正确的。（×）

Je5B3247 有一只 0.5 级电能表，当测得其基本误差为+0.325%时，修约后的数据为+0.30%。（√）

Je5B3248 对 0.2 级及以上的电流互感器，用开路法退磁为宜。（×）

Je5B3249 电流互感器的负荷与其所接一次线路上的负荷大小有关。（×）

Je5B4250 一只 0.5 级电能表的检定证书上某一负载的误差数据为+0.30%，则它的实测数据应在 0.275%～0.325%的范围内。（√）

Je4B1251 起动试验时，电能表计度器同时进位的字轮不得多于 2 个。（√）

Je4B1252 测定电能表基本误差时，应按负载电流逐次减少的顺序进行。（√）

Je4B2253 用标准功率表测量调定的恒定功率，同时用标准测时器测量电能表在恒定功率下转若干转所需时间，这时间与恒定功率的乘积所得实际电能与电能表测定的电能相比较，即能确定电能表的相对误差，这就叫瓦秒法。（√）

Je4B2254 除了另有规定外，电能表测定基本误差前，应

该对其电压线路加额定电压进行预热，电流线路通标定电流进行预热，且分别不少于 30、15min。（×）

Je4B2255 对经互感器接入的电能表的潜动试验，有必要时需对其电流线路通入 1/5 的起动电流进行检查，这是因为考虑到互感器的影响。（√）

Je4B3256 对经互感器接入的电能表的潜动试验，有必要时可在 $\cos\varphi=1$ 或 $\sin\varphi=1$ 的条件下，对其电流线路通入 1/5 的起动电流检查潜动。（√）

Je4B3257 为了防止调整中引起各元件间平衡的破坏，在满载调整中不允许再进行电磁铁间隙或平衡装置的调整。（√）

Je4B3258 现场检验电能表时，当负载电流低于被检电能表标定电流的 10%，或功率因数低于 0.5 时，不宜进行误差测试。（√）

Je4B3259 有一只 0.5 级带止逆器的三相三线 $3\times100V$，3×3（6）A 的电能表，常数为 1200r/（kW·h），其转盘转动一圈的最大时限是 12min。（×）

Je4B3260 测定 1.0 级电能表误差，要求施加电压和电流的波形畸变系数不大于 5%。（×）

Je4B3261 三相三线有功电能表校验中，当调定负载功率因数 $\cos\varphi=0.866$（容性）时，A、C 两元件 $\cos\theta$ 分别为 0.866（感性）、0.866（容性）。（×）

Je4B3262 $3\times5A$，$3\times100V$ 三相三线有功电能表，经 200/5A 电流互感器和 10 000/100V 的电压互感器计量，则其实用倍率为 4000。（√）

Je4B3263 三相三线有功电能表电压 A、B 两相接反，电能表反转。（×）

Je4B4264 DS864–2 型三相三线有功电能表铭牌标注额定电压 $3\times100V$，标定电流 3×3（6）A，常数为 1000r/（kW·h），则其圆盘的额定转速为 0.144 337 62r/s。（√）

Je4B4265 现场运行的电能表，由于有时与电能表实际连用的电流、电压互感器的额定变比 K'_I，K'_U 与原铭牌上标示的额定变比 K_I，K_U 不同，其示数乘于实际倍率后，才能得到应测的电量，那么它的实用倍率为 $\dfrac{K'_I K'_U}{K_I K_U}$。（ √ ）

Je3B1266 有一只三相四线有功电能表，B 相电流互感器反接达一年之久，累计电量为 7000kW·h，那么差错电量为 7000kW·h。（ × ）

Je3B2267 三相三线有功电能表，某相电压断开后，必定少计电能。（ √ ）

Je3B3268 Ⅰ类电能计量装置，电压互感器二次回路上的电压降不大于电压互感器额定二次电压的 0.25%。（ × ）

Je3B4269 负载为感性，三相三线有功电能表的接线方式为 $\dot{U}_{uv}$、$\dot{I}_v$、$\dot{U}_{wv}$、$\dot{I}_w$，则负载消耗电量的更正系数为 $-\sqrt{3}\tan\varphi$。（ × ）

Je3B4270 由于错误接线，三相三线有功电能表，在运行中始终反转，则算出的更正系数必定是负值。（ √ ）

Je3B4271 在电能表耐压试验中，如出现电晕、噪声和转盘抖动现象，则认为电能表绝缘已被击穿。（ × ）

Je3B4272 用"六角图法"判断计量装置接线的正确性，必须满足三相电压基本对称，负载电流、电压、基本稳定，且 $\cos\varphi$ 值大致确定。（ √ ）

Je3B4273 感应系电能表当摩擦力矩不变时，负载电流越大，则摩擦引起的误差越大。（ × ）

Je2B2274 一般地讲，要求检验装置的综合误差与被检表的基本误差限之比为 1/3～1/5。（ √ ）

Je2B3275 检定感应式电能表时，光电采样是目前比较常用的一种脉冲采样方式。（ √ ）

Je2B4276 采用烘烤方法干燥时，应把空气温度控制在 80℃以下，以免影响制动磁铁和其他元件的性能。（ √ ）

Je1B4277 在进行静电放电试验时，如果被试电能表的外壳虽有涂层，但未说明是绝缘层，应采用接触放电；如果被试电能表的外涂层指明为绝缘层或外壳为非导电面，应采用间接放电。（×）

4.1.3　简答题

La5C1001　按《中华人民共和国计量法》规定的法定计量单位分别写出以下量的单位符号：有功电能、无功电能、有功功率。

答：（1）有功电能——kW·h。

（2）无功电能——var·h。

（3）有功功率——kW。

La5C1002　何谓正弦交流电的三要素？

答：最大值、角频率和初相角是正弦交流电的三要素。

La5C1003　什么叫线电压和相电压？

答：（1）在交流电路中，每相与零线之间的电压称为相电压。

（2）在三相交流电路中，相与相之间的电压称为线电压。

La5C2004　电流的方向是如何规定的？它与自由电子的运动方向是否相同？

答：习惯上规定正电荷运动的方向为电流的方向，因此在金属导体中电流的方向和自由电子的运动方向相反。

La5C2005　什么叫无功功率？

答：在具有电感或电容的电路中，电感或电容在半周期的时间里将储存的磁场（或电场）能量送给电源，与电源进行能量交换，并未真正消耗能量，与电源交换能量的速率的振幅被称为无功功率。

La5C2006　什么叫视在功率和功率因数？

答：（1）在具有电阻和电抗的电路中，电流与电压的乘积称为视在功率。

（2）功率因数又称"力率"，是有功功率与视在功率之比，通常用 $\cos\varphi$ 表示

$$\cos\varphi = \frac{有功功率\ (kW)}{视在功率\ (kV \cdot A)}$$

La5C2007　何谓三相三线制？

答：三相电路中，从电源中引出三根导线供电，不引出中性线时，称为三相三线制。

La5C2008　什么叫整流？

答：整流是利用二极管或其他单向导电性能的元件，把交流电变为脉动的直流电，再经过滤波与稳压变为波形平坦的直流电。

La5C2009　三相电路中，中性线的作用是什么？

答：中性线的作用就是当不对称的负载接成星形连接时，使其每相的电压保持对称。

La5C2010　何谓中性点位移？

答：在三相电路星形连接的供电系统中，电源的中性点与负载的中性点之间产生的电位差，称为中性点位移。

La5C3011　电能表的常数有哪几种表示形式？

答：（1）用 r/（kW·h）[转/（千瓦·时）] 表示，代表符号"C"。

（2）用 W·h/r（瓦·时/转）表示，代表符号"K"。

（3）用 r/min（转/分）表示，代表符号"n"。

（4）用 imp/（kW·h）[脉冲数/（千瓦·时）] 表示，代表

符号"C"。

La5C3012　什么叫电源、电压、电路、频率？

答：（1）将各种形式的能量转换成电能的装置，通常是电路的能源叫电源。

（2）电路中两点的电位差叫电压，用符号 U 表示。

（3）电流所流经的路径叫电路。

（4）交流电在每秒钟内变化的次数叫频率。

La5C3013　何谓相位超前？何谓相位同相？

答：在同一个周期内，一个正弦量比另一个正弦量早些到达零值，称为相位超前。两个同频率的正弦量同时达到最大值，这两个正弦量称为同相。

La5C3014　在直流电路中，电流的频率、电感的感抗、电容的容抗分别为多少？

答：在直流电路中，电流的频率为零，电感的感抗为零，电容的容抗为无穷大。

La4C1015　什么叫容抗？

答：交流电流过具有电容的电路时，电容有阻碍交流电流过的作用，此作用称容抗。

La4C1016　什么叫电抗？

答：在具有电感和电容的电路中，存在感抗和容抗，在感抗和容抗的作用互相抵消后的差值叫电抗。

La4C1017　怎样用右手螺旋定则判断导线周围磁场的方向？

答：（1）用右手握住导线，使大拇指指向导线内电流的方向。

（2）四指所指的方向为磁场的方向。

La4C1018　常用的交流整流电路有哪几种？

答：常用的交流整流电路有：

（1）半波整流。

（2）全波整流。

（3）全波桥式整流。

（4）倍压整流。

La4C2019　简述电磁感应定律的内容。

答：当回路中的磁通随时间发生变化时，总要在回路中产生感应电动势，其大小等于线圈的磁链变化率，它的方向总是企图使它的感应电流所产生的磁通阻止磁通的变化。

La4C2020　简述楞次定律的内容。

答：楞次定律是用来判断线圈在磁场中感应电动势的方向的。当线圈中的磁通要增加时，感应电流要产生一个与原磁通相反的磁通，以阻止线圈中磁通的增加；当线圈中的磁通要减少时，感应电流又产生一个与原磁通方向相同的磁通，以阻止它的减少。

La4C2021　如何利用运行中的有功电能表和秒表计算三相电路的有功功率？

答：三相有功功率的计算按式为

$$P = \frac{3600NK_IK_U}{CT}(\text{kW})$$

式中　C ——电能表常数，r/（kW·h）；

　　　N ——电能表测时的圈数；

　　　K_I——电流互感器变比；

K_U ——电压互感器变比；

T ——所测时间，s。

La4C2022　什么叫功率三角形？

答： 在交流电路中，视在功率、有功功率和无功功率的关系是：

$$视在功率(S)^2=有功功率(P)^2+无功功率(Q)^2$$

这个关系与直角三角形三边之间的关系相对应，故称功率三角形。

La4C2023　什么是阻抗三角形？

答： 用电压三角形的三个边分别除以电流 I，则可得到一个和电压三角形相似的三角形，这便是阻抗三角形。

La4C2024　什么是左手定则？

答： 左手定则又称电动机左手定则或电动机定则：

（1）伸平左手手掌，张开拇指并令其与四指垂直。

（2）使磁力线垂直穿过手掌心。

（3）使四指指向导体中电流的方向，则拇指的指向为载流导体的受力方向。

La4C3025　什么叫自感电动势？

答： 根据法拉第电磁感应定律，穿过线圈的磁通发生变化时，在线圈中就会产生感应电动势。这个电动势是由于线圈本身的电流变化而引起的，故称为自感电动势。

La4C3026　什么叫正相序？正相序有几种形式？

答： 在三相交流电相位的先后顺序中，其瞬时值按时间先后，从负值向正值变化经零值的依次顺序称正相序；正相序有三种形式。

La3C1027 什么是基尔霍夫第二定律？

答：在任一闭合回路内各段电压的代数和等于零。

La3C1028 什么是基尔霍夫第一定律？

答：在同一刻流入和流出任一节点的电流的代数和等于零。

La3C2029 什么叫过电压？

答：电力系统在运行中，由于雷击、操作、短路等原因，导致危及设备绝缘的电压升高，称为过电压。

La3C3030 怎样用右手螺旋定则判断通电线圈内磁场的方向？

答：（1）用右手握住通电线圈，使四指指向线圈中电流的方向。

（2）使拇指与四指垂直，则拇指的指向为线圈中心磁场的方向。

La3C3031 功率因数低的原因有哪些？

答：（1）大量采用感应电动机或其他电感性用电设备。

（2）电感性用电设备配套不合适和使用不合理，造成设备长期轻载或空载运行。

（3）采用日光灯等感性照明灯具时，没有配电容器。

（4）变电设备负载率和年利用小时数过低。

La2C3032 按误差来源，系统误差包括哪些误差？

答：系统误差按其来源可分为：

（1）工具误差。

（2）装置误差。

（3）人员误差。

（4）方法误差（或称理论误差）。

（5）环境误差。

La2C4033　何谓系统振荡？

答：电力系统非同步状况带来的功率和电流的强烈不稳定叫系统振荡，简称振荡。

La2C4034　在晶体管电路中，什么叫门槛电压？

答：在晶体管保护中通常使用触发器作为起动元件，这种触发器比较灵敏，当输入稍有波动时，触发器就要翻转。为使保护装置在没有输入或正常负荷电流下不致误动作，在三极管的输入端加一反向电压，使输入信号必须克服这个反向电压，触发器才能翻转。这个反向电压称比较电压或门槛电压。

La2C5035　两台变压器并联运行的条件是什么？

答：（1）变比基本相同。

（2）短路电压基本相等。

（3）接线组别相同。

（4）容量比不超过 3:1。

La1C3036　什么是不确定度的 A 类评定？

答：A 类评定用对观测列进行统计分析的方法，来评定标准不确定度。

La1C3037　什么是不确定度的 B 类评定？

答：B 类评定用不同于对观测列进行统计分析的方法，来评定标准不确定度。

La1C3038　什么是合成标准不确定度？

答：当测量结果是由若干个其他量的值求得时，按其他各量的方差或（和）协方差算得的标准不确定度，称为合成标准不确定度。

La1C3039　什么是扩展不确定度？

答：确定测量结果区间的量，称为扩展不确定度合理赋予被测量之值分布的大部分可望含于此区间。

La1C3040　什么是测量不确定度？

答：表征合理地赋予被测量之值的分散性，与测量结果相联系的参数，称为测量不确定度。

La1C4041　对含有粗差的异常值如何处理和判别？

答：对含有粗差的异常值应从测量数据中剔除。在测量过程中，若发现有的测量条件不符合要求，可将该测量数据从记录中划去，但须注明原因。在测量进行后，要判断一个测量值是否异常，可用异常值发现准则，如格拉布斯准则、来伊达 3σ 准则等。

La1C5042　什么是电子式互感器？

答：电子式互感器由连接到传输系统和二次转换器的一个或多个电流或电压传感器组成，用以传输正比于被测量的量，供给测量仪器、仪表和继电保护或控制装置。在数字接口的情况下，一组电子式互感器共用一台合并单元完成此功能。

La1C5043　什么是电子式电流互感器？

答：一种电子式互感器，在正常使用条件下，其二次转换器的输出实质上正比于一次电流，且相位差在连接方向正确时接近于已知相位角。

La1C5044　什么是电子式电压互感器？

答：一种电子式互感器，在正常使用条件下，其二次电压实质上正比于一次电压，且相位差在连接方向正确时接近于已知相位角。

Lb5C1045   移相器在电能表检定装置中起什么作用？

答：电能表在检定中，需要测定在不同功率因数下的误差，所以要借助移相器改变电能表的电压与电流之间的相位角。

Lb5C1046   对电能表检定装置进行检定时，应满足哪些环境条件？

答：（1）环境温度为（20±2）℃。

（2）相对湿度要求小于 85%。

（3）试验室内应无腐蚀性气体、无振动、无尘、光照充足、防阳光辐射、无外磁场干扰。

Lb5C2047   对电能表的安装场所和位置选择有哪些要求？

答：（1）电能表的安装应考虑便于监视、维护和现场检验。

（2）电能表应安装于距地面 0.6～1.85m。

（3）环境温度对 A 组和 A1 组电能表要求 0～40℃，对 B 组和 B1 组要求−10～50℃。

（4）环境相对湿度对 A 组和 B 组电能表不大于 95%，对 A1 组和 B1 组不大于 85%。

（5）周围应清洁无灰尘，无霉菌及酸、碱等有害气体。

Lb5C2048   互感器的使用有哪些好处？

答：（1）可扩大仪表和继电器等的测量范围。

（2）有利于仪表和继电器等的小型化和标准化生产，提高产品的产量和质量。

（3）用互感器将高压、大电流与仪表、继电器等设备隔开，保证了仪表、继电器及其二次回路和工作人员的安全。

Lb5C2049 机电式电能表的调整装置主要有哪几种？

答：（1）满载调整装置。

（2）轻载调整装置。

（3）相位角调整装置。

（4）潜动调整装置。

（5）三相电能表还装有平衡调整装置。

Lb5C2050 机电式电能表的测量机构主要包括哪几部分？

答：机电式电能表的测量机构主要有六部分：

（1）驱动元件。

（2）转动元件。

（3）制动元件。

（4）轴承。

（5）计度器。

（6）调整装置。

Lb5C2051 电能表的现场检验周期是如何规定的？

答：电能表的现场检验周期是：

（1）Ⅰ类电能表每三个月检验一次。

（2）Ⅱ类电能表每半年检验一次。

（3）Ⅲ类电能表每一年检验一次。

（4）其他电能表不进行现场检验。

Lb5C2052 互感器轮换周期是怎样规定的？

答：互感器的轮换周期是：

（1）高压互感器至少每10年轮换一次（可用现在检验代替轮换）。

（2）低压电流互感器至少每20年轮换一次。

Lb5C2053　DL/T 448—2000《电能计量装置技术管理规程》对电能表的轮换周期有何规定？

答：（1）Ⅴ类双宝石电能表轮换周期规定为 10 年。

（2）其他运行中的Ⅴ类电能表，从装出第六年起，按规定进行分批抽样，作修调前检验，满足要求可继续运行，否则全部拆回。

Lb5C2054　电流互感器的额定电压是什么含义？

答：（1）该电流互感器只能安装在小于和等于额定电压等级的电力线路中。

（2）说明该电流互感器一次绕组的绝缘强度。

Lb5C2055　运行中的电流互感器误差的变化与哪些工作条件有关？

答：运行中的电流互感器误差与一次电流、频率、波形、环境温度的变化及二次负荷的大小和功率因数等工作条件有关。

Lb5C2056　如何根据电流互感器的额定二次容量计算其能承担的二次阻抗？

答：电流互感器能承担的二次阻抗应根据下式计算

$$|Z_2| = \frac{S_n}{I_n^2} \quad (\Omega)$$

式中　S_n——二次额定容量，V·A；

　　　I_n——二次额定电流，A，一般为 5A。

Lb5C2057　何谓电能计量装置的综合误差？

答：在电能计量装置中，由电能表、互感器和其二次接线三大部分引起的误差合成，称为综合误差。

Lb5C2058　电能表的制动力矩主要由哪三部分组成？

答：（1）永久磁铁产生的制动力矩。

（2）电压工作磁通产生的自制动力矩。

（3）电流工作磁通产生的自制动力矩。

Lb5C2059　测量用电压互感器的接线方式有哪几种？

答：测量用电压互感器的接线方式有：

（1）Vv 接线。

（2）Yy 接线。

（3）YNyn 接线。

Lb5C3060　防止机电式电能表潜动的方式有哪几种？

答：（1）在圆盘上打两个对称的小孔或一个小孔。

（2）在转轴上装一制动铁丝和电压铁芯中心柱加装一铁片舌。

Lb5C3061　单相有功电能表在安装时，若将电源的相线和零线接反有何危害？

答：当零线串接在电能表的电流线圈时，有如下危害：

（1）当客户线路绝缘破损漏电时，漏电电量未计入电能表。

（2）当采用一相和一地用电时，电能表只有电压，无电流，电能表不转。

Lb5C3062　何谓电能表接入二次回路的独立性？

答：电能表的工作状态不应受其他仪器、仪表、继电器和自动装置等的影响，因此要求与电能表配套的电压、电流互感器是专用的，若无法用专用的，也需专用的二次绕组和二次回路。此为电能表接入二次回路的独立性。

Lb5C3063　何谓电流互感器的额定容量？

答：电流互感器的额定容量是二次额定电流 I_n 通过二次额

定负荷 Z_2 时所消耗的视在功率 S_n，即

$$S_n = I_n^2 \ |Z_2|$$

Lb5C3064　电压互感器二次绕组短路会产生什么后果？

答：电压互感器二次绕组短路，则二次电流增大，这个电流产生与一次电流相反的磁通，一次磁通减小，感应电动势变小，一次绕组电流增加。二次短路电流越大，一次电流越大，直到烧坏。

Lb5C3065　机电式电能表潜动产生的原因是什么？

答：感应式电能表产生潜动的原因是：

（1）轻载补偿力矩过补偿或欠补偿。

（2）电压线圈所加电压过高或过低。

（3）电磁元件装配不对称。

Lb5C3066　机电式单相有功电能表相角误差快，调整不过来是何原因？

答：（1）相角调整电阻线上的短路滑片接触不良或电阻丝氧化。

（2）相角调整短路环太少。

（3）调整电压非工作磁通的装置失灵。

（4）相角调整电阻丝与线圈脱焊或线圈断。

（5）电压线圈可能有匝间短路。

Lb5C3067　电压互感器的误差有哪几种，是如何定义的？

答：电压互感器的误差分为电压的比差和角差。

（1）比差：$f_U = \dfrac{K_e U_2 - U_1}{U_1} \times 100\%$

式中　K_e——额定电压比；

U_2——二次电压值；

U_1——一次电压值。

（2）角差：电压互感器二次侧电压 $\dot{U}_2$ 逆时针旋转 180° 后与一次电压 $\dot{U}_1$ 之间的夹角，并规定旋转后的 $\dot{U}_2$ 超前 $\dot{U}_1$ 时误差为正，反之为负。

Lb5C3068　机电式电能表为什么需要制动力矩？

答：机电式电能表若没有制动力矩，则铝盘会成加速度转动，便不能正确反映被测电能的多少。所以在电能表中设置制动元件，产生制动力矩使之与转动力矩平衡，这样转速便与负荷的大小成正比关系。

Lb5C3069　简述机电式电能表轻载误差产生的原因。

答：（1）当电能表圆盘匀速转动时，在转动元件间均存在着摩擦力矩。

（2）电流元件中负荷电流与电流工作磁通的非线性关系。

（3）电磁元件装配不对称。

Lb5C3070　测量用电流互感器至电能表的二次导线的材料和截面有何要求？

答：（1）二次导线应采用铜质单芯绝缘线。

（2）二次导线截面积应按电流互感器额定二次负荷计算确定，至少应不小于 $4mm^2$。

Lb5C3071　测量用电压互感器至电能表的二次导线的材料与截面有何要求？

答：（1）二次导线应采用铜质单芯绝缘线。

（2）二次导线截面积应按允许的电压降计算确定，至少应不小于 $2.5mm^2$。

Lb5C3072 为保证机电式交流电能表的准确度和性能稳定，表内一般设置了哪些调整装置，对这些装置有哪些要求？

答：感应式电能表内设满载调整装置、轻载调整设置、相位角调整装置、防潜装置，三相表还有平衡调整装置。对这些调整装置要求是：要有足够的调整范围和调整细度；各装置调整时相互影响要小；结构和装设位置要保证调节简便；固定要牢靠，性能要稳定。

Lb5C4073 电流互感器的误差有哪几种，是如何定义的？

答：电流互感器的误差分为电流的比差和角差。

（1）比差：$f_I = \dfrac{K_e I_2 - I_1}{I_1} \times 100\%$

式中 K_e——额定电流比；

I_1——一次电流值；

I_2——二次电流值。

（2）角差：电流互感器二次电流 $\dot{I}_2$ 逆时针旋转 180° 后与一次电流 $\dot{I}_1$ 相量之间的夹角，并规定旋转后的 $\dot{I}_2$ 超前 $\dot{I}_1$ 时，误差为正，反之为负。

Lb5C4074 影响电压互感器误差的运行工况有哪些？

答：影响电压互感器误差的运行工况有互感器二次负荷、功率因数和一次电压值。

Lb5C4075 简述电流互感器的基本结构。

答：电流互感器的基本结构是由两个互相绝缘的绕组与公共铁芯构成，与电源连接的绕组叫一次绕组，匝数很少；与测量表计、继电器等连接的绕组叫二次绕组，匝数较多。

Lb5C4076 选择电流互感器时，应考虑哪几个主要参数？

答：选择电流互感器时，应考虑以下几个主要参数：

（1）额定电压。

（2）准确度等级。

（3）额定一次电流及变比。

（4）二次额定容量。

Lb5C4077　机电式电能表实现正确测量的条件有哪些？

答：（1）应满足电压工作磁通 $\dot{\phi}_U$ 正比于外加电压 $\dot{U}$。

（2）应满足电流工作磁通 $\dot{\phi}_I$ 正比于负载电流 $\dot{I}$。

（3）应满足 $\varphi=90°-\varphi$（感性时），$\varphi=90°+\varphi$（容性时）。

Lb5C4078　机电式电能表满载快，调整不过来有何原因？

答：满载调整不过来的原因有可能是：

（1）永久磁铁失磁。

（2）满载调整装置失灵或装置位置不当。

（3）永久磁铁磁隙偏大。

（4）电压与电流铁芯之间的间隙太小。

（5）电压线圈可能有匝间短路现象。

Lb5C4079　影响电流互感器误差的主要因素有哪些？

答：影响电流互感器误差的主要因素有：

（1）当一次电流超过额定值数倍时，电流互感器则工作在磁化曲线的非线性部分，电流的比差和角差都将增加。

（2）二次回路阻抗 Z_2 增大，使比差增大；功率因数 $\cos\varphi$ 的降低使比差增大，而角差减小。

（3）电源的频率对误差影响一般不大，当频率增加时，开始时误差有点减小，而后则不断增大。

Lb5C4080　影响电压互感器误差的主要因素有哪些？

答：造成电压互感器误差的主要因素有：

（1）电压互感器一次侧电压显著波动，使励磁电流发生变化。

（2）电压互感器空载电流增大。

（3）电源频率的变化。

（4）电压互感器二次侧所接仪表、继电器等设备过多或cosφ太低，使其超过电压互感器二次所规定的阻抗。

Lb5C4081　一般单相全电子表采用何种电源降压回路？

答：通常单相全电子表采用变压器降压方式和电阻、电容降压方式。

Lb5C5082　电流互感器的工作原理是什么？

答：当电流互感器一次绕组接入电路，流过负荷电流 I_1，产生与 I_1 相同频率的交变磁通 ϕ_1。它穿过二次绕组产生感应电动势 E_2，由于二次为闭合回路，故有电流 I_2 流过，并产生交变磁通 ϕ_2，ϕ_1 和 ϕ_2 通过同一闭合铁芯，合成磁通 ϕ_0，ϕ_0 的作用使在电流交换过程中，将一次绕组的能量传递到二次绕组。

Lb5C5083　如何正确地选择电流互感器的变比？

答：选择电流互感器，应按其长期最大的二次工作电流 I_2 来选择其一次额定电流 I_{1n}，使 $I_{1n} \geq I_2$，但不宜使电流互感器经常工作在额定的一次电流的 1/3 以下，并尽可能使其工作在一次额定电流的 2/3 以上。

Lb5C5084　电能表（机电式）轻载调整装置的工作原理是什么？

答：调整原理是在电压工作磁通的磁路上装置有一金属片，将电压工作磁通沿圆盘水平方向分为两部分，一部分穿过金属片，一部分未穿过金属片，穿过金属片的部分磁通在圆盘上产生的涡流滞后于穿过金属片的磁通产生的涡流一个角度，由于这个角和两部分磁通穿过圆盘的位置不同,在圆盘上产生转矩,其方向是由超前指向滞后的磁通。

Lb5C5085 在使用穿芯式电流互感器时，怎样确定穿芯匝数？

答：（1）根据电流互感器铭牌上安（培）数和匝数算出电流互感器设计的安匝数。

（2）再用设计安匝数除以所需一次安（培）数，得数必须是整数，即为穿芯匝数。

（3）一次线穿过电流互感器中心孔的次数，即为匝数。

Lb5C5086 机电式电能表的力矩平衡式中，主要包括一些什么力矩？

答：力矩平衡式为

$$M+M_b=M_D+M_U+M_I+M_M$$

式中 M ——电压、电流元件作用于圆盘上的转动力矩；

M_b——轻载补偿力矩；

M_D ——永久磁铁的制动力矩；

M_U ——电压元件的自制动力矩；

M_I——电流元件的自制动力矩；

M_M ——上、下轴承、计度器、圆盘与空气等的摩擦力矩。

Lb5C5087 简述机电式电能表的转动原理。

答：电能表接入交流电路中，当电压线圈两端加入额定电压，电流线圈中流过负载电流时，电压、电流元件就分别产生在空间上不同位置和不同相位的电压、电流工作磁通，并分别穿过圆盘，各在圆盘上产生涡流，于是电压工作磁通与电流工作磁通产生的涡流相互作用，电流工作磁通与电压工作磁通产生的涡流相互作用，使圆盘转动。

Lb5C5088 电流互感器在进行误差测试之前退磁的目的

是什么？

答：由于电流互感器铁芯不可避免地存在一定的剩磁，将使互感器增加附加误差，所以在误差试验前，应先消除或减少铁芯的剩磁影响，故进行退磁。

Lb4C1089　机电式电能表的全封闭式铁芯有哪些优缺点？

答：全封闭式铁芯的优点是：

（1）工作气隙固定，磁路对称性好，不易产生潜动。

（2）可以用电压工作磁通磁化电流铁芯，改善了轻载时的误差特性。

全封闭式铁芯的缺点是：

（1）制造工艺复杂、加工难度大。

（2）电压、电流线圈装配、更换困难。

（3）硅钢片耗材多。

Lb4C1090　按常用用途分类，电能表主要分为哪几种？

答：按常用用途分类，电能表主要有：单相、三相有功电能表；三相无功电能表；最大需量表；分时电能表；多功能电能表；铜、铁损表；预付费式电能表等。

Lb4C1091　何谓电能表的倍率？

答：由于电能表的结构不同，接线方式不同或采用不同变比的互感器，使电能表计数器的读数需乘以一个系数，才是电路中真正消耗的电能数，这个系数称为电能表的倍率。

Lb4C1092　分时电能表有何作用？

答：由于分时表能把用电高峰、低谷和平段各时段客户所用的电量分别记录下来，供电部门便可根据不同时段的电价收取电费，这可充分利用经济手段削高峰、填低谷，使供电设备充分挖掘潜力，对保证电网安全、经济运行和供电质量都有好处。

Lb4C1093 何谓内相角 60° 的三相三线无功电能表？

答：由于这种表的每个电线压圈串接了一个电阻 R，并加大电压铁芯非工作磁通路中的间隙，用来降低电压线圈的电感量，使电压 $\dot{U}$ 与它产生的工作磁通 ϕ_U 间的相角 β 减少，从而使内相角 $(\beta - \alpha_I) = 60°$，故称内相角 60° 的无功电能表。

Lb4C1094 为什么说选择电流互感器的变比过大时，将严重影响电能表的计量准确？

答：如果选择电流互感器的变比过大时，当一次侧负荷电流较小，则其二次电流很小，使电能表运行在很轻的负载范围，将产生较大的计量误差甚至停转，严重影响计量准确。

Lb4C1095 电能表检定装置的周期检定项目有哪些？

答：（1）一般检查。

（2）测量绝缘电阻。

（3）测定输出功率稳定度，输出电压、电流波形失真度。

（4）检查监视仪表测定范围和准确度。

（5）测定标准表与被试表电压端钮之间的电位差。

（6）测定装置的测量误差。

（7）测定装置的标准偏差估计值。

Lb4C1096 电工式的电能表检定装置的主要部件有哪些？

答：（1）电源。

（2）调压器、耦合变压器。

（3）升压器、升流器。

（4）移相器。

（5）标准电流、电压互感器。

（6）标准电能表。

（7）监视用指示仪表。

（8）误差显示和记录装置。

（9）转换开关及控制回路。

Lb4C1097　二次回路是由哪几个主要部分组成？

答：二次回路也称二次接线。它是由监视表计、测量仪表、控制开关、自动装置、继电器、信号装置及控制电缆等二次元件所组成的电气连接回路。

Lb4C2098　简述电压互感器的基本结构。

答：电压互感器是由一个共用铁芯、两个相互绝缘的绕组构成。它的一次绕组匝数较多，与客户的负荷并联；二次绕组匝数较少，与电能表、继电器等的电压绕组并联连接。

Lb4C2099　检定互感器时，对标准互感器有何要求？

答：标准互感器的准确度等级至少应比被检互感器高两个等级，且其误差在检定有效期内，相对变化（变差）不应超过误差限值的 1/3。

Lb4C2100　轻载调整装置为什么装在电压元件的磁路中？

答：轻载补偿主要补偿摩擦力矩和电流工作磁通与负荷电流间的非线性，此补偿力矩应是恒定的，且与负荷电流无关，只有在电压电磁元件上才能达到此目的。

Lb4C2101　什么叫互感器的合成误差？

答：由于互感器存在比差和角差，则在测量结果中也存在一定误差，这个由互感器比差和角差引起的误差叫做合成误差。

Lb4C2102　简述电能表的耐压试验方法。

答：（1）耐压装置的高压侧容量不得小于 500V·A，电压波形为正弦波。

（2）试验电压应在 5～10s 内由零平缓地升至规定值，保持1min 而绝缘不击穿、不闪络。

（3）随后试验电压也应用同样速度降至零。

Lb4C2103　简述测量数据化整的通用方法。

答：测量数据化整的通用方法是，将测得的各次相对误差的平均值除以化整间距数，所得之商按数据修约规则化整，化整后的数字乘以化整间距数，所得的乘积即为最终结果。

Lb4C2104　简述国家电能表 DD1、DS2、DX862–2、DT862–4 型号中，各个字母和数字的含义是什么？

答：（1）第一位字母"D"为电能表。

（2）第二位字母"D"为单相有功；"S"为三相三线有功；"X"为三相无功；"T"为三相四线有功。

（3）第三位数字"1"、"2"、"862"分别表示型号为"1"、"2"、"862"系列的电能表。

（4）"2"、"4"分别表示最大电流为标定电流的 2 倍和 4倍。

Lb4C2105　电能计量装置包括哪些主要设备及附件？

答：（1）各种类型电能表。

（2）失压计时仪。

（3）计量用电压、电流互感器及其二次回路。

（4）专用计量柜和计量箱。

Lb4C2106　全电子式电能表有哪些特点？

答：（1）测量精度高，工作频带宽，过载能力强。

（2）本身功耗比感应式电能表低。

（3）由于可将测量值（脉冲）输出，故可进行远方测量。

（4）引入单片微机后，可实现功能扩展，制成多功能和智能电能表等。

Lb4C2107　DL/T 448—2000《电能计量装置技术管理规程》中电能计量装置故障和计量差错主要有哪几个方面？

答：（1）构成电能计量装置的各组成部分（电能表、互感器等）本身出现故障。

（2）电能计量装置接线错误。

（3）人为抄读电能计量装置或进行电量计算出现的错误。

（4）窃电行为引起的计量失准。

（5）外界不可抗力因素造成的电能计量装置故障等。

Lb4C2108　在对电工式检定装置的输出电流相序进行检查时，一般将电流量限选择开关放在什么位置？为什么？

答：在对电工式检定装置的输出电流相序进行检查时，一般将电流量限选择开关放在最小电流量限上。这是因为升流器二次侧最小电流档输出电压较高，便于相序表起动。

Lb4C2109　多功能电能表一般具备哪些主要功能？

答：所谓多功能电能表一般是由测量单元和数据处理单元等组成。除计量有功（无功）电能外，还具有分时、测量需量等两种以上功能，并能显示、储存和输出数据。

Lb4C2110　在检定电能表检定装置时，"一般检查"主要有哪些内容？

答：（1）查看技术文件和相关计量器具是否有有效期内的检定证书。

（2）检查标志和结构，应满足要求并无严重影响计量性能的缺陷。

Lb4C3111　为什么升流器的二次绕组需采取抽头切换方式？

答：由于升流器的二次电压与所接负载的阻抗大小不同，为满足不同负荷需要，升流器的二次绕组需采用抽头切换方式。

Lb4C3112　机电式电能表的相位调整装置有哪几种形式？

答：（1）调整电流工作磁通ϕ_I与负载电流I之间的相角α_I；

（2）调整电压铁芯非工作磁通ϕ_f路径上的损耗角α_f；

（3）调整I_U与电压工作磁通ϕ_U之间相角α_U。

Lb4C3113　在运行中，机电式电能表内响声大，可能是什么原因？

答：（1）电压线圈与铁芯结合不紧密。

（2）圆盘抖动，引起计度器齿轮发响。

（3）上、下轴承间隙大或缺油。

（4）电压、电流铁芯的固定螺丝松动。

Lb4C3114　要使电能表在各种负荷下均能正确计量电能，转动力矩与制动力矩必须满足什么条件？

答：电能表的转动力矩与制动力矩必须相等，才能保证转动力矩与负载功率成正比，从而正确计量电能。

Lb4C3115　S级电流互感器的使用范围是什么？

答：由于S级电流互感器能在额定电流的1%～120%之间都能准确计量，故对长期处在负荷电流小，但又有大负荷电流的客户，或有大冲击负荷的客户和线路，为了提高计量准确度，则可选用S级电流互感器。

Lb4C3116 电能表的二次回路端子排选用和排列的原则是什么？

答：（1）电流的端子排选用可断开、可短接、可串接的试验端子排。

（2）电压的端子排应选用并联的直通端子排。

（3）每一组安装单位应设独立的端子排组。

（4）计量回路的端子排应用空端子与其他回路的端子排隔开。

（5）每一个端子均应有对应的安装设备的罗马数字和阿拉伯数字编号。

Lb4C3117 JJG 307—2006《机电式交流电能表检定规程》规定，检定 0.5 级电能表基本误差时，影响量及其允许偏差应满足哪些条件？

答：（1）环境温度对标准值（20℃）的偏差±2℃。

（2）电压对额定值的偏差±0.5%。

（3）频率对额定值的偏差±0.2%。

（4）波形畸变系数不大于 2%。

（5）磁感应强度使电能表误差变化不超过 0.1%。

（6）电能表对垂直位置的倾斜角 1°。

（7）功率因数对规定值的偏差±0.01。

Lb4C3118 为减小电压互感器的二次导线电压降应采取哪些措施？

答：（1）敷设电能表专用的二次回路。

（2）增大导线截面。

（3）减少转换过程的串接触点。

（4）采用低功耗电能表。

Lb4C3119 电能表灵敏度不好的原因是什么？

答：（1）计度器齿轮与蜗杆咬合过紧或齿形不好，增加了摩擦力。

（2）永久磁铁间隙中有铁屑等杂物。

（3）上下轴承制造精度差，光洁度不好或有毛刺。

（4）圆盘在电磁元件间隙中倾斜或有摩擦。

（5）圆盘厚度不匀，有气孔等。

（6）防潜动装置调整过度。

Lb4C3120　对电能表配互感器安装时有何要求？

答：（1）有功和无功电能表的安装地点应尽量靠近互感器，互感器二次负荷不得超过其二次额定容量。

（2）周围应干燥清洁，光线充足，便于抄录，表计应牢固安装在振动小的墙和柜上。

（3）要确保工作人员在校表、轮换时的方便及安全或不会误碰开关。

（4）要确保互感器和电能表的极性和电流、电压相位相对应，无功表还应确保是正相序。

Lb4C3121　对运行中的电能表，现场检验哪些项目？

答：运行中的电能表现场检验的项目有：

（1）检查电能表和互感器的二次回路接线是否正确。

（2）在实际运行中测定电能表的误差。

（3）检查计量差错和不合理的计量方式。

Lb4C4122　简述电压互感器的工作原理。

答：当电压互感器一次绕组加上交流电压 U_1 时，绕组中流过电流 I_1，铁芯内就产生交变磁通 ϕ_0，ϕ_0 与一次、二次绕组交连，则在一、二次绕组中分别感应电动势 E_1、E_2，由于一、二次匝数比不同就有 $E_1=KE_2$。

Lb4C4123　为什么机电式电能表都装有调整装置？

答：在电能表制造过程中，选用的磁性材料的特性、零部件的质量、装配技术及工艺等都可能出现某种程度的偏差，为了使电能表的电气特性和准确度达到规定的要求，所以都装有调整装置。

Lb4C4124　安装三相四线有功电能表时，为防止零线断或接触不良有哪些措施？

答：安装三相四线有功电能表时，为防止零线断或接触不良而造成客户用电设备烧坏，在装表时，零线不剪断，而在零线上用不小于 2.5mm² 的铜芯绝缘线"T"接到三相四线电能表的零线端子上，以供电能表电压元件回路使用。

Lb4C4125　在现场检验电能表时，还应检查哪些计量差错？

答：（1）电能表的倍率差错。

（2）电压互感器熔断丝熔断或二次回路接触不良。

（3）电流互感器二次接触不良或开路。

Lb4C4126　当现场检验电能表的误差超过规定值时应怎么办？

答：（1）当超过规定值时，应在三个工作日内更换电能表。

（2）现场检验结果及时告知客户，必要时转有关部门处理。

Lb4C4127　不合理的计量方式有哪些？

答：（1）电流互感器变比过大，致使电能表经常在 1/3 标定电流以下运行。

（2）电能表与其他二次设备共用一组电流互感器。

（3）电压互感器和电流互感器分别接在电力变压器不同电压侧或不同母线共用一组电压互感器。

（4）用于双向计量的无功电能表或有功电能表无止逆器。

（5）电压互感器的额定电压与线路的额定电压不符。

Lb4C4128　机电式电能表电磁元件组装倾斜会出现什么后果?

答：因电磁元件的倾斜，使电压工作磁通路径的工作间隙大小不同，磁损耗角也不同，形成了两个不同相位角并从不同位置穿过圆盘的磁场，使圆盘得到一个附加力矩。

Lb4C4129　使用中的电流互感器二次回路若开路,会产生什么后果?

答：（1）使用中的电流互感器二次回路一旦开路，一次电流全部用于励磁，铁芯磁通密度增大，不仅可能使铁芯过热，烧坏绕组，还会在铁芯中产生剩磁，使电流互感器性能变坏，误差增大。

（2）由于磁通密度增大，使铁芯饱和而致使磁通波形平坦，电流互感器二次侧产生相当高的电压，对一、二次绕组绝缘造成破坏，对人身及仪器设备造成极大的威胁，甚至对电力系统造成破坏。

Lb4C4130　简述机电式电能表过负载补偿装置的原理。

答：由于该装置在电流电磁铁两磁极之间，是电流磁通的磁分路，且磁导体截面积小，饱和点低。当正常情况时，电流磁通分工作磁通 ϕ_1 穿过圆盘、非工作磁通 ϕ_1' 不穿过圆盘而通过过载补偿装置，此时其处在线性部分工作，使电流工作磁通与负荷成正比关系，当过负荷时，由于非工作磁通磁路上的磁导体饱和，使电流工作磁通 ϕ_1 比非工作磁通 ϕ_1' 速度增长快，从而补偿了电流工作磁通的自制动力矩所引起的负误差。

Lb3C2131　最大需量表的允许指示误差是多少?

答：最大需量表的需量指示误差应不大于满刻度值的 $\pm 1\%$。

Lb3C3132　电能计量二次回路的主要技术要求是什么？

答：（1）35kV 以下的计费用电流互感器应为专用的，35kV 及以上的电流互感器应为专用二次绕组和电压互感器的专用二次回路，不得与测量和保护回路共用。

（2）计费用电压互感器二次回路均不得串接隔离开关辅助触点，但 35kV 及以上的可装设熔断器。

（3）互感器二次回路连接导线均应采用铜质绝缘线，不得采用软铜绞线或铝芯线，二次阻抗不得超过互感器的二次额定容量。

（4）带互感器的计量装置应使用专用接线盒接线。

（5）高压互感器二次侧应有一点接地，金属外壳也应接地。

（6）高压计量二次回路导线头必须套号牌。

Lb3C3133　二次回路的任务是什么？

答：二次回路的任务是通过对一次回路的监视、测量来反映一次回路的工作状态，并控制一次系统。当一次回路发生故障时，继电保护能将故障部分迅速切除，并发信号，保证一次设备安全、可靠、经济、合理的运行。

Lb3C4134　在三相电路中,功率的传输方向随时都可能改变时，应采取什么措施，才能到达正确计量各自的电能？

答：三相电路中的有功、无功功率的输送方向随时改变时，应采取如下措施：

（1）用一只有功和一只无功三相电能表的电流极性正接线，用另一只有功和另一只无功三相电能表的电流极性按反接线；四只电能表的电压，三相分别并联。

（2）四只三相电能表均应有止逆器，保证阻止表盘反转。

（3）若不用四只三相电能表的联合接线，也可采用可计正向有功、无功和反向有功、无功电能的一只多功能全电子电能表。

Lb3C4135 电能计量装置新装完工送电后检查的内容是什么？

答：（1）测量电压值及相序是否正确，并在断开客户电容器后，观察有功、无功电能表是否正转，若不正确则应将其电压、电流的 U 相、W 相都对调。

（2）用验电笔检查电能表外壳、零线端钮都应无电压。

（3）三相二元件的有功电能表，将 V 相电压拔出，转速比未拔出时慢一半。

（4）三相二元件的有功电能表，将 U 相、W 相电压对换，表应停转。

（5）若以上方法说明表的接线有问题，应作六角图进行分析，并应带实际负荷测定其误差。

Lb2C2136 电子型电能表检定装置的散热措施有哪些？

答：（1）采用输出功率管多管并联工作，以降低功放输出级单管功耗。

（2）功放输出不使用稳压电路，既简化了电路，又减少内部热源。

（3）通过风扇进行散热。

Lb2C2137 分别说明电能表的基本误差和最大需量表的最大指示值误差是什么？

答：（1）电能表的基本误差是绝对误差与实际值（约定真值）之比的相对误差。

（2）最大需量表的最大指示值误差是绝对误差与满刻度值（特定值）之比的相对引用误差。

Lb2C3138 分别说明 LQJ-10、LFC-10、LMJ-10、LQG-0.5、LFCD-10 型电流互感器的各字母和数字的含义。

答：（1）第一位字母"L"为电流互感器。

（2）第二位字母"Q"为线圈式，"F"为复匝式，"M"为母线型贯穿式。

（3）第三位字母"J"为树脂浇注式，"C"为瓷绝缘，"G"为改进式。

（4）第四位字母"D"为接差动或距离保护。

（5）数字"10"和"0.5"分别表示一次电压为 10kV 和 500V。

Lb2C3139　分别说明 JDJ-10、JDZ-10、JSTW-10、JDJJ-35 型电压互感器的各字母和数字的含义。

答：（1）第一位字母"J"为电压互感器。

（2）第二位字母"D"为单相，"S"为三相。

（3）第三位字母"J"为油浸式，"Z"为环氧浇注式。

（4）第四位字母"W"为绕组五柱式，"J"为接地保护。

（5）数字"10"和"35"表示分别是一次电压为 10 kV 和 35kV 的电压互感器。

Lb2C3140　简述最大需量表的用途。

答：最大需量表是计量在一定结算期内（一般为一个月），每一定时间（我国规定 15min）客户用电平均功率，并保留最大一次指示值。所以使用它可确定用电单位的最高需量，对降低发、供电成本，挖掘用电潜力，安全运行，计划用电方面具有很大的经济意义。

Lb1C3141　一块无永久磁钢的感应式电能表能正确计量吗？为什么？运行结果会怎样？

答：无永久磁钢的感应式电能表不能正确计量。因为感应表的永久磁钢的作用是产生阻碍电能表转动的力矩，与驱动力矩相平衡，使转盘在负载恒定时，匀速转动。若拿掉永久磁钢，则转盘只受驱动力矩的作用，会产生加速度、断线或越转越快。

Lb1C3142 电子式电能表中电源降压电路的实现方式有哪几种形式？

答：（1）变压器降压方式。

（2）电阻或电容降压方式。

（3）开关电源方式。

Lb1C3143 静电放电抗扰度试验对电子式电能表会产生哪些影响？

答：静电放电抗扰度试验可能损坏电能表的元器件（如芯片、液晶、数码管等），出现多余电量，时钟复位、停走或走时不准，内存数据破坏，需量复位，功能不正常等。

Lb1C3144 浪涌抗扰度试验对电子式电能表会产生哪些影响？

答：浪涌抗扰度试验可能会损坏电能表的电源输入部分，缩短压敏电阻的使用寿命，损坏电子线路板上的元器件，影响计量准确度，程序出错，功能不正常等。

Lc5C2145 保证安全的技术措施有哪些？

答：在全部停电或部分停电的电气设备上工作，必须完成下列措施：

（1）停电。

（2）验电。

（3）装设接地线。

（4）悬挂标示牌和装设遮栏。

Lc5C2146 保证安全的组织措施有哪些？

答：在电气设备上工作，保证安全的组织措施有：

（1）工作票制度。

（2）工作许可制度。

（3）工作监护制度。

（4）工作间断、转移和终结制度。

Lc5C3147　电力企业职工的哪些行为按《电力法》将追究刑事责任或依法给予行政处分？

答：（1）违反规章制度、违章调度或者不服从调度指令，造成重大事故的。

（2）故意延误电力设施抢修或抢险救灾供电，造成严重后果的。

（3）勒索客户、以电谋私、构成犯罪的，依法追究刑事责任；尚不构成犯罪的，依法给予行政处分。

Lc5C3148　功率因数低有何危害？

答：（1）增加了供电线路的损失。为了减少这种损失，必须增大供电线路的导线截面，从而增加了投资。

（2）加大了线路的电压降，降低了电压质量。

（3）增加了企业的电费支出，加大了成本。

Lc5C4149　根据《电力供应与使用条例》和《全国供用电规则》，对于专用线路供电的计量点是怎样规定的？

答：（1）用电计量装置应当安装在供电设施与受电设施的产权分界处，安装在客户处的用电计量装置由客户负责保管。

（2）若计量装置不在分界处，所有线路损失及变压器有功、无功损耗全由产权所有者负担。

Lc5C4150　电力生产的特点是什么？

答：电力生产的特点是发、供、用电同时完成的。电力产品不能储存，产、供、用必须随时保持平衡，电力供应与使用密切相关，供电环节出现了事故会影响广大客户，一个客户出了问题也会影响其他客户，以至影响电力生产环节,造成社会损失。

Lc5C5151　装设接地线有什么要求？

答：（1）工作地点在验明确实无电后，对于可能送电或反送电至工作地点的停电设备上或停电设备可能产生感应电压的各个方面均应装设接地线。

（2）装设接地线应注意与周围的安全距离。

（3）装设接地线必须由两人进行，先接接地端，后接导体端；拆地线时与此顺序相反。

（4）接地线应采用多股软裸铜线，其截面应符合短路电流的要求，但不得小于 $25mm^2$；不得用单根铜（铁）丝缠绕，并应压接牢固。

Lc4C2152　在高压设备上工作时，为什么要挂接地线？

答：（1）悬挂接地线是为了放尽高压设备上的剩余电荷。

（2）高压设备的工作地点突然来电时，保护工作人员的安全。

Lc4C2153　工作负责人（监护人）在完成工作许可手续后，应怎样履行其职责？

答：（1）应向工作班人员交待现场安全措施、带电部位和其他注意事项。

（2）应始终在工作现场对工作班人员的安全认真监护，及时纠正违反安全的动作。

（3）工作负责人（监护人）在全部停电时，可以参加工作班工作；在部分停电时，只有在安全措施可靠，人员集中在一个工作点，不致误碰导电部分的情况下，方能参加工作。

（4）应根据现场的安全条件、施工范围、工作需要等具体情况，增设专人监护和批准被监护的人数。专责监护人不得兼做其他工作。

Lc4C2154　供电电压的质量表现在哪几方面？

答：（1）电压的闪变。

（2）偏离额定值的幅度。

（3）电压正弦波畸变程度。

Lc4C3155　在带电的电压互感器二次回路上工作时，要采取哪些安全措施？

答：（1）使用绝缘工具，戴手套，必要时工作前停用有关保护装置。

（2）接临时负载时，必须装有专用的刀闸和可熔保险或其他降低冲击电流对电压互感器的影响。

Lc4C3156　在带电的电流互感器二次回路上工作时，应采取哪些安全措施？

答：（1）短路电流互感器二次绕组时，必须使用短路片或专用短路线。

（2）短路要可靠，严禁用导线缠绕，以免造成电流互感器二次侧开路。

（3）严禁在电流互感器至短路点之间的回路上进行任何工作。

（4）工作必须认真、谨慎，不得将回路的永久接地点断开。

（5）工作时必须有人监护，使用绝缘工具，并站在绝缘垫上。

Lc4C3157　什么叫高压、低压和安全电压？

答：对地电压在1000V及以上的为高压；对地电压在1000V以下的为低压；对人体不会引起生命危险的电压叫安全电压。

Lc4C4158　电能计量器具的验收有哪些内容？

答：验收内容包括装箱单、出厂检验报告（合格证）、使用说明书、铭牌、外观结构、安装尺寸、辅助部件、功能和技术指标测试等，均应符合订货合同的要求。

Lc4C4159 对电气设备的验电有何要求？

答：（1）验电前，应先在有电设备上进行试验，确证验电器良好。

（2）必须用电压等级合适而且合格的验电器在检修设备进出线两侧各相分别验电。

（3）若在木杆、木梯或木架上验电，不接地线不能指示时，可在验电器上接地线，但必须经值班负责人许可。

（4）高压验电时，必须戴绝缘手套。

（5）330kV 及以上的电气设备，可用绝缘棒代替验电器验电。

Lc4C5160 在高压设备上的检修工作需要停电时，应采取什么措施？

答：（1）将检修设备停电，必须把各方面的电源完全断开，禁止在只给断路器断开电源的设备上工作，工作地点各方必须有明显断开点。

（2）任何运行中的星形接线的中性点，必须视为带电设备。

（3）必须从高、低压两侧断开各方面有关的变压器和电压互感器隔离开关，防止向停电设备反送电。

（4）断开断路器和隔离开关的操作电源，并将隔离开关操作把手锁住。

Lc2C3161 在电网运行中负荷控制器有何重要性？

答：电力生产是发、供、用同时完成的，随时都应平衡，但影响平衡的主要因素是负荷，用电负荷超指标会造成缺电，导致低频率运行，危及电网；用电负荷不足，会影响经济运行和发、供、电计划的完成。

为此要做好负荷管理工作，应采用先进技术将负荷信息及时收集给相关部门，负荷控制器便是重要手段。

Lc2C5162　何谓 485 接口？

答：RS–485 接口为美国电子工业协会（EIA）数据传输标准。它采用串行二进制数据交换终端设备和数据传输设备之间的平衡电压数字接口，简称 485 接口。

Lc1C4163　何谓二进制？

答：以"2"为基础的计算系统。在二进制中只使用数字"0"和"1"，逢"2"便进 1。故称二进制。

Lc1C4164　何谓遥测？

答：遥测是指通过某种传输方法，对远方某物理量进行测量和数据采集。在电力负荷控制中，常用于对用户的电力（包括负荷、电能、电压、电流等）数据进行测量和采集。

Lc1C5165　看二次展开图时，要注意哪些要点？

答：（1）同一文字符号标注的线圈、触点等，属于同一种元器件。

（2）图上所画的触点状态是未通电、未动作的状态。

（3）从上而下，自左而右顺序查看，结合每条（行）右侧所标用途进行理解。

Lc1C5166　什么是 TN 接地方式？

答：电源中性点是接地的，电气设备的外露可导电部分用保护线与该点连接的接地系统称为 TN 系统。

Lc1C5167　什么是 TT 接地方式？

答：电源中性点是接地的，电气设备外露导电部分用单独的接地极接地，与电源的接地点无电气联系的接地系统叫 TT 系统。

Lc1C5168　什么叫波特率？

答：模拟线路信号的速率，也称调制速率，以波形每秒的振荡数来衡量。

Jd4C3169　简述无功电能的测量意义。

答：对电力系统来说，负荷对无功功率需求的增加，势必降低发电机有功功率的发、送容量，这是很不经济的，并且经远距离的输电线路传输大量的无功功率，必将引起较大的有功、无功功率和电压损耗，为此要求客户装设无功补偿装置，使无功得以就地供给，以提高系统的功率因数，减少损耗。无功电能的测量，主要就是用来考核电力系统对无功功率平衡的调节状况，以及考核客户无功补偿的合理性，它对电力生产、输送、消耗过程中的管理是必要的。

Jd4C4170　感应式电能表中对轴承和转动元件的安装有何要求？

答：（1）首先将轴承和转动元件清洗好后，在转轴衬套内的储油孔内注入适量表油，再将钢珠、宝石组装好，组装时禁止用手直接接触钢珠和宝石。

（2）调整轴承高度使圆盘在电流、电压元件间隙中自由转动，且圆盘上间隙略大于下间隙。

（3）用手轻轻压圆盘靠中心部位，检查轴承中的弹簧是否良好。

Je5C2171　在试验室内，对机电式电能表的周期检定有哪些项目？

答：（1）直观检查。

（2）交流耐压试验。

（3）潜动试验。

（4）启动试验。

（5）基本误差测定。

（6）常数试验。

Je5C2172　测量用电流互感器的接线方式有哪几种？

答：测量用电流互感器的接线方式有：

（1）不完全星形接法。

（2）三相完全星形接法。

Je5C3173　电能表在误差调整好后，应怎样测定基本误差？

答：（1）按规程规定，测定基本误差应按负载电流逐次减少的顺序进行。

（2）每次改变负载电流后应等电能表转盘转速稳定后再进行测定。

（3）测定时应将表盖盖好。

Je5C3174　机电式电能表满载调整的方法有哪些？

答：（1）调整永久磁铁的磁分路。

（2）调整制动力臂，永久磁铁的磁力线中心在圆盘半径的83%处表转速最慢。

（3）经过改制或恢复性修理的电能表，在调整器不能满足误差要求时，可将永久磁铁充磁或退磁，也可增大或减小永久磁铁的磁隙。

（4）通过改制或恢复性修理的电能表，在调整器不能满足误差要求时，还可调整电流、电压元件之间的间隙。

Je5C3175　根据 JJG 307—2006《机电式交流电能表》规定，电能表走字试验应如何进行？

答：在规格相同的一批受检电能表中，选用误差较稳定（在试验期间误差的变化不超过 1/6 基本误差限）而常数已知的两只电能表作为参照表。各表电流线路串联而电压线路并联（注意各电压回路导线电压降应该合格），加最大负载功率。当计度器末位（是否是小数位无关）改变不少于 10（对 0.5～1 级表）或 5（对 2～3 级表）个数字时，参照表与其他表的示数（通电前后示值之差）应符合下式要求

$$\gamma = \frac{D_i - D_0}{D_0} \times 100 + \gamma_0 \leqslant 1.5 \text{ 倍基本误差限（\%）}$$

式中　D_i——第 i 只受检电能表示数（i=1，2，…，n）；

　　　D_0——两只参照表示数的平均值；

　　　γ_0——两只参照表相对误差的平均值，%。

Je5C3176　如何用直流法测量单相电压互感器的极性？

答：（1）将电池"+"极接单相电压互感器的"A"，电池"–"极接"X"。

（2）将直流电压表的"+"端钮与单相电压互感器二次的"a"连接，"–"与二次的"x"连接。

（3）当电池开关合上或连接的一刻，直流电压表应正指示，当开关拉开或直接断开的一刻，则电压表应反指示，此为极性正确。

（4）若电压表指示不明显，可将电池和电压表的位置对换，极性不变，但测试时，手不能接触电压互感器一次侧的接线柱。

Je5C3177　如何用直流法测定电流互感器的极性？

答：（1）将电池"+"极接电流互感器的"L1"、"–"极与"L2"连接。

（2）将直流毫安表的"+"极接电流互感器的"K1"、"–"极与"K2"连接。

（3）在电池开关合上或直接接通一刻，直流毫安表正指示，电池断开的一刻毫安表应反指示，则为电流互感器极性正确。

Je5C4178　感应系电能表在走字试验时，可能发现哪些问题？

答：（1）计度器与蜗杆装配不好，造成圆盘停走。

（2）计度器转动比不对。

（3）计度器不干净，翻字太重卡字。

（4）电能表检定时，应校数算错。

（5）电能表检定时，误差或变差超过允许值。

Je5C4179　在对电能表（机电式）进行轻载调整时，若误差时快时慢，应检查哪些内容？

答：在轻载调整时，误差时快时慢应检查：

（1）计度器第二位字轮是否在进位。

（2）与计度器耦合的蜗杆是否毛糙。

（3）是否圆盘不平整或轴干不直摩擦其他部件。

（4）圆盘的工作间隙中是否有灰尘、杂物和铁屑。

Je4C3180　带实际负荷用六角图法检查电能表接线的步骤是什么？

答：（1）用电压表测量各相、线电压值是否正确，用电流表测量各相电流值。

（2）用相序表测量电压是否为正相序。

（3）用相位表（或瓦特表，或其他仪器）测量各相电流与电压的夹角。

（4）根据测量各相电流的夹角，在六角图上画出各相电流的位置。

（5）根据实际负荷的潮流和性质分析各相电流应处在六角图上的位置。

Je4C3181　在现场对电流互感器进行角差、比差测试时应注意哪些事项？

答：（1）测试用电源及电源线应有足够容量，且电源线不得盘卷。

（2）升流器二次线应尽量短，以免电流升不到需要值。

（3）二次侧多绕组的电流互感器，应认清计量绕组，并将其他绕组短接，以防继电器动作，或其他绕组开路。

（4）被测电流互感器一次侧两边必须有明显断开点，并挂接地线，在测量时方可取掉，测完后马上恢复。

Je4C4182　如何对经过恢复性检修的电能表进行预调？

答：对经恢复性检修的电能表进行预调的步骤是：

（1）将被检表通以额定电压、标定电流，并使电流滞后电压 90°。

（2）再调整被检表的相位调整装置，使圆盘不转动且略有正向蠕动，以缩短校验时间。

Je4C5183　用隔离变压器（TV）和互感器校验仪测量二次回路的电压降时，应注意哪些事项？

答：（1）测量应在 TV 端子箱处进行。

（2）电能表至测量点应放足够容量的绝缘线，且应全部放开，不得盘卷，以保证测量误差的准确。

（3）放（收）线时，应注意与高压带电体的安全距离，防止放（收）线时，弹至高压带电体而造成事故。

（4）TV 二次引线和电能表端放过来的导线均应送至各自刀闸，待确认电压是同相和极性正确后，再送入校验仪进行测量。

（5）隔离 TV 在接入被测 TV 二次时，应先限流，以防隔离 TV 的激磁电流冲击被测电压互感器而造成保护动作。

Je3C3184　如何选配高压客户的电能表和互感器？

答：对高压客户在确定了计量方式后，应根据报装容量的大小选择互感器和电能表的等级，并按下列公式计算负载电流

$$I = \frac{报装容量\ (kV \cdot A) \times 1000}{\sqrt{3} \times 额定电压\ (V)}\ (A)$$

电流互感器一次侧的额定电流应大于负载电流，但也不宜过大，应使负载电流经常在电流互感器一次侧额定电流的 1/3～2/3 之间，电能表则选用 3×100V，3×1.5（6）A 的。

Je3C3185　单相复费率电能表运行时，如无负荷而有计量现象，试分析可能存在的故障原因。

答：有误脉冲输入 CPU，用示波器探针的钩子端接入"+"端，夹子端接入"–"端，这时从示波器中观察到，接入电压而不加电流时，有乱、尖脉冲输出，从示波器可见到这些脉冲的幅度有时能达到 3.5V 左右，这就导致了内存电量的累加或计度器的走字现象。

Je2C3186　机电式最大需量表应检查哪些项目？

答：（1）检查有功电能表部分的基本误差。

（2）最大需量指示部分的相对引用误差。

（3）时限机构的走时误差。

（4）时限机构的脱扣时间误差。

（5）测试时限机构的同步电机的起动电压。

Je2C3187　为什么在进行最大需量表走字试验时，要数次断开其电压？

答：最大需量表在通以基本电流进行走字试验时，用定时开关在 24h 内数次断开接入其电压，使需量指示器多次起停，以检查同步电机是否有停转现象，保证最大需量表需量指示的准确度。

Je2C3188　复费率表通电后，无任何显示，一般有哪些原因？

答：一般有如下原因：

（1）开关未通、断线、熔断丝熔断、接触不良。

（2）整流器、稳压管或稳压集成块损坏。

（3）时控板插头脱落或失去记忆功能。

（4）电池电压不足。

Je2C4189 电子型电能表检定装置若发生故障，检查和排除故障的程序是什么？

答：（1）在检查装置故障时，首先应排除外部电源、外部干扰源、接地线、接线或被试表本身，以及操作等方面可能引起的故障。

（2）开机检查前，必须认真检查各开关的设置情况。

（3）再按下列步骤进行检查：电源机箱→稳压机箱→信号机箱→功放机箱。

Je1C4190 **TV** 二次回路电压降的测量方法有哪几种？

答：（1）互感器校验法。

（2）TV 二次压降测试仪法。

（3）钳形相位伏安表法。

（4）无线监视仪法。

（5）高内阻电压表法。

（6）数字电压表法。

Je1C5191 如何用标准电能表检验最大需量表的平均功率指示？

答：当最大需量表功率指示启动时，同时启动标准电能表及秒表，当指针返回零位时，同时按停标准表和秒表，并记下标准表的转数，秒表的时间和最大需量表平均功率指示值。然后按公式计算

$$P_0 = \frac{N \times 60}{CT} \quad (\text{kW})$$

式中　N ——标准表所走转数；

　　　C ——标准表常数，r/（kW·h）；

　　　T ——秒表所走时间，min；

　　　P_0——加在需量表上的实际功率。

再用加在需量表上的实际功率值和最大需量表实际指示值计算误差

$$r\% = \frac{P_0 - P_x}{P_m} \times 100\%$$

式中　P_m——最大需量表功率满刻度值；

　　　P_x——最大需量表实际指示值。

Jf5C3192　发现有人低压触电时应如何解救？

答：（1）发现有人低压触电时，应立即断开近处电源开关（或拔去电源插头）。

（2）若事故地点离开关太远不能及时断开时，救护人员可用干燥的手套、衣服、木棍等绝缘物使触电者脱离电源。

（3）若触电者因抽筋而紧握电线时，则可用木柄斧、铲或胶柄钳等把电线弄断。

Jf5C4193　发现有人高压触电时应如何解救？

答：（1）发现有人高压触电时，应立即断开电源侧高压开关，或用绝缘操作杆拉开高压跌落保险。

（2）若事故地点离开关太远，则可用金属棒等物，抛掷至高压导电设备上，使其短路后保护装置动作自动切断电源，但应注意抛掷物要足够粗，并保护自己的安全，防止断线掉下造成自己触电或被高压短路电弧烧伤。

4.1.4 计算题

La5D1001 用 2.5 级电压表的 200V 挡，在额定工作条件下测量某电压值，其指示值为 175V，试求测量结果可能出现的最大相对误差 γ，并指出实际值的范围 A。

解： 最大绝对误差 $\Delta=\pm2.5\%\times200=\pm5$（V）

最大相对误差 $\gamma=\pm\dfrac{5}{175}\times100\%\approx\pm2.86\%$

实际值的范围为 $(175-5)\leqslant A\leqslant(175+5)$

答： 测量结果可能出现的最大相对误差约为 $\pm2.86\%$，实际值范围为 170～180V。

La5D3002 如图 D-1 所示，$U_{ab}=6V$，$R_1=12\Omega$，$R_2=24$，$R_3=12\Omega$，$R_4=4\Omega$，求电流 I。

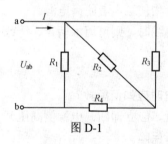

图 D-1

解： 因为 R_2 与 R_3 并联，设并联后电阻为 R_{23}，则

$$\frac{1}{R_{23}}=\frac{1}{R_2}+\frac{1}{R_3}$$

$$\frac{1}{R_{23}}=\frac{1}{24}+\frac{1}{12}$$

$$R_{23}=8（\Omega）$$

因为 R_{23} 与 R_4 串联，设串联后电阻为 R_0，则

$$R_0=R_{23}+R_4=8+4=12（\Omega）$$

所以 R_0 与 R_1 并联得

$$R_\Sigma=\frac{1}{\dfrac{1}{R_0}+\dfrac{1}{R_1}}=\frac{1}{\dfrac{1}{12}+\dfrac{1}{12}}=6（\Omega）$$

$$I=\frac{U_{ab}}{R_\Sigma}=\frac{6}{6}=1（A）$$

答：电流 I 为 1A。

La5D3003 某客户供电电压 U 为 220V，测得该客户电流 I 为 11A，有功功率 P 为 2kW，求该客户的功率因数 $\cos\varphi$。

解：$S=UI=220\times11=2420$（$V\cdot A$）$=2.42$（$kV\cdot A$）

$$\cos\varphi=\frac{P}{S}=\frac{2}{2.42}\approx0.83$$

答：该客户的功率因数约为 0.83。

La5D3004 有两只电动势 E_1 为 1.5V，内阻 r_1 为 0.05Ω 的干电池，串联后向电阻 R 为 50Ω 的用电器供电。问用电器吸收的功率为多少？若将其中一个电池用电动势 E_2 为 1V，内阻 r_2 为 20Ω 的废旧电池替换时，用电器吸收的功率是多少？

解：已知 $r_1=0.05Ω$，$r_2=20Ω$，$R=50Ω$

（1）当用两只电动势为 1.5V 的电池时，设负载电流为 I_1，用电器吸收的功率为 P_1，则

$$I_1=\frac{2E_1}{2r_1+R}=\frac{2\times1.5}{2\times0.05+50}\approx0.06\text{（A）}$$

$$P_1=I_1^2R=0.06^2\times50=0.18\text{（W）}$$

（2）当用混合电池串联时，设负载电流为 I_2，用电器吸收的功率为 P_2，则

$$I_2=\frac{E_1+E_2}{r_1+r_2+R}=\frac{1.5+1.0}{0.05+20+50}\approx0.036\text{（A）}$$

$$P_2=I_2^2R=0.036^2\times50=0.065\text{（W）}$$

答：两种情况下，用电器吸收的功率分别为 0.18W 和 0.065W。

La5D3005 用架盘天平称量某物质量，设测量结果 A_x 为 100.2g。若其实际值 A_0 为 100g。问用架盘天平测量质量的绝对

误差 ΔA 是多少？在 100g 时的示值相对误差 γ 是多少？修正值 C_x 是多少？

解：$\Delta A = A_x - A_o = 100.2 - 100 = 0.2$（g）

$$\gamma = \frac{\Delta A}{A_o} \times 100\% = \frac{0.2}{100} \times 100\% = 0.2\%$$

$$C_x = -\Delta A = -0.2$$

答：绝对误差为 0.2g，相对误差为 0.2%，修正值为 –0.2。

La5D3006　有三只标称值均为 1kΩ 的电阻，用 0.01 级的电桥测量，其阻值 R_1、R_2、R_3 依次为 1000.2、1000.1Ω 和 1000.5Ω，求三只电阻串联后的等效电阻 R 及其合成误差 γ。

解：$R = R_1 + R_2 + R_3 = 1000.2 + 1000.1 + 1000.5 = 3000.8$（Ω）

$$\gamma = (R_1 + R_2 + R_3) \times 0.01\%$$

$$= 3000.8 \times 0.01\%$$

$$= 0.3（\Omega）$$

答：等效电阻为 3000.8Ω，合成误差为 0.3Ω。

La5D3007　励磁电流表的读数 I 为 1500A，已知仪表在该点的修正值 ΔI_1 是 4.5A，在使用温度下仪表的附加误差 ΔI_2 是 2.5A，由于导线电阻与规定值不相符，在使用温度下引起的附加误差 ΔI_3 是 –3.5A，求电流的相对误差 γ。

解：合成误差　$\Delta I = \Delta I_1 + \Delta I_2 + \Delta I_3$

$$= -4.5 + 2.5 - 3.5 = -5.5（A）$$

相对误差　$\gamma = \dfrac{\Delta I}{I - \Delta I} = \dfrac{-5.5}{1500 - (-5.5)} \times 100\% \approx -0.37\%$

答：电流的相对误差为 –0.37%。

La5D4008　在图 D-2 所示的电路中，要使图 D-2（a）与图 D-2（b）电路的等效电阻相等，R 应等于多少？

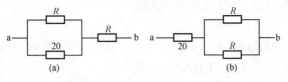

图 D-2

解：在图 D-2（a）中，ab 间的等效电阻为

$$R_1 = R + \frac{20R}{20+R} = \frac{R^2 + 40R}{20+R}$$

在图 D-2（b）中，ab 间的等效电阻为

$$R_2 = 20 + \frac{R}{2} = \frac{40+R}{2}$$

若两电路等效电阻相等，则

$$R_1 = R_2$$

$$R^2 + 40R = \frac{1}{2}(R^2 + 60R + 800)$$

即

$$R^2 + 20R - 800 = 0$$

$$R = \frac{-20 \pm \sqrt{400 - 4 \times (-800)}}{2}$$

$$= -10 \pm 30 \text{（}\Omega\text{）}$$

因为 R 不可能为负数，所以取 $R = 20\Omega$。

答：R 等于 20Ω。

La5D4009　在匀强磁场中，把长 L 为 20cm 的导线和磁场成垂直放置，在导线中通 10A 电流 I 时，受到的作用力 F 为 0.01N，求磁场强度 H。（设空气中的磁导率 $\mu = \mu_0 = 4\pi \times 10^{-7}\text{H/m}$）

解：设磁感应强度为 B，则

$$B = F/IL = 0.01/(10 \times 0.2) = 0.005 \text{（T）}$$

$$H = B/\mu = B/\mu_0 = 0.005/(4\pi \times 10^{-7}) \approx 3980 \text{（A/m）}$$

答：磁场强度约为 3980A/m。

La5D4010 有三只允许功率 P 均为 1/4W 标准电阻，其阻值分别为 1、100、10 000Ω，问：

（1）将它们串联时，允许加多高的电压？

（2）将它们并联时，允许外电路的电流是多少？

解： 1Ω的电阻允许通过的电流是 $I=\sqrt{P/R}=0.5$（A），允许电压为 $0.5\times1=0.5$（V）；100Ω 的电阻允许通过的电流是 $I=\sqrt{P/R}=\sqrt{0.25/100}=0.05$（A），电压为 $0.05\times100=5$（V）；同理，10 000Ω 的电阻，$I=\sqrt{P/R}=0.005$（A），电压为 $0.005\times10\,000=50$（V）。

（1）串联时，允许电流不应大于 0.005A，所以允许电压为 $(1+100+10\,000)\times0.005=50.505$（V）。

（2）并联时，允许外加电压为 0.5V，所以允许外电路的电流是 $\dfrac{0.5}{1}+\dfrac{0.5}{100}+\dfrac{0.5}{10\,000}=0.505\,05$（A）。

答：（1）它们串联时，允许加 50.505V 的电压。

（2）它们并联时，允许外电路的电流为 0.505 05A。

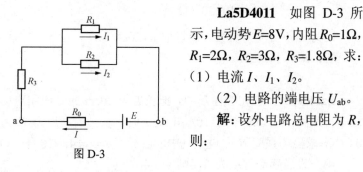

图 D-3

La5D4011 如图 D-3 所示，电动势 $E=8$V，内阻 $R_0=1$Ω，$R_1=2$Ω，$R_2=3$Ω，$R_3=1.8$Ω，求：

（1）电流 I、I_1、I_2。

（2）电路的端电压 U_{ab}。

解： 设外电路总电阻为 R，则：

（1）$R=R_3+\dfrac{R_1 R_2}{R_1+R_2}=1.8+\dfrac{2\times3}{2+3}=3$（Ω）

$$I = \frac{E}{R+R_0} = \frac{8}{3+1} = 2 \ (\text{A})$$

$$I_1 = I \times \frac{R_2}{R_1+R_2} = 2 \times \frac{3}{2+3} = 1.2 \ (\text{A})$$

$$I_2 = I \times \frac{R_1}{R_1+R_2} = 2 \times \frac{2}{2+3} = 0.8 \ (\text{A})$$

（2）　　　　　　　$U_{ab} = IR = 2 \times 3 = 6 \ (\text{V})$

或　　　　　　　$U_{ab} = E - IR_0 = 8 - 2 \times 1 = 6 \ (\text{V})$

答：电流 I、I_1、I_2 分别为 2、1.2、0.8A，电压 U_{ab} 为 6V。

La5D4012　在图 D-4 所示电路中，已知 $R_1 = 6\Omega$，$R_2 = 3.8\Omega$，电流表 PA1 读数为 3A（内阻为 0.2Ω），PA2 读数为 9A（内阻为 0.19Ω）。试求：

（1）流过电阻 R_1 的电流 I_1。

（2）电阻 R_3 和流过 R_3 中的电流 I_3。

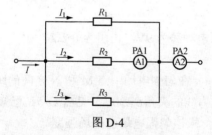

图 D-4

解：（1）设该并联电路两端的电压为

$$U = I_2(R_2 + 0.2) = 3 \times (3.8 + 0.2) = 12 \ (\text{V})$$

$$I_1 = \frac{U}{R_1} = \frac{12}{6} = 2 \ (\text{A})$$

（2）流过电阻 R_3 的电流为

$$I_3 = 9 - (I_1 + I_2) = 9 - (2+3) = 4 \ (\text{A})$$

$$R_3 = \frac{U}{I_3} = \frac{12}{4} = 3 \ (\Omega)$$

答：I_1 为 2A，R_3 为 3Ω，I_3 为 4A。

La5D5013 有一个直流电源，当与电阻 R_1=2.7Ω接通时，用电流表测得电路电流 I_1=3A（电流表内阻为 R_i=0.1Ω）；当外电路电阻 R_2 改为 4.2Ω时，电流表读数为 2A，求电源电动势 E 和内阻 R_0。

解：当接入电阻 R_1 时，有

$$E=I_1(R_1+R_i+R_0)=3×(2.7+0.1+R_0)$$
$$E-3R_0=8.4 \qquad\qquad ①$$

当接入电阻 R_2 时，有

$$E=I_2(R_2+R_i+R_0)=2×(4.2+0.1+R_0)$$
$$E-2R_0=8.6 \qquad\qquad ②$$

据式①和式②可以求得

$$R_0=0.2\Omega$$
$$E=9V$$

答：电源电动势为 9V，内阻为 0.2Ω。

La5D5014 在匀强电场中点 M 和 N 之间的距离为 10cm，MN 连线与电力线的夹角 θ=30°，见图 D-5。已知 MN 间的电位差 U=100V，求该匀强电场的电场强度。

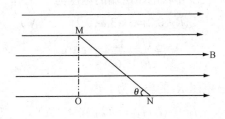

图 D-5

解：设点 O 是电力线上通过 N 点，且与 M 点等电位的一点，且 ON 之间的距离为 d，则该电场的场强为

$$E = \frac{U}{d} = \frac{100}{10 \times 10^{-2} \times \cos 30°} = 1154.7 \ (V/m)$$

答：该匀强磁场的电场强度为 1154.7V/m。

La4D1015　有一只量限 I_g 为 100μA 的 1.0 级直流微安表，内阻是 800Ω，现打算把它改制成量限 I 为 1A 的电流表（见图 D-6），问在这个表头上并联的分流电阻 R 为多大？

解：根据题意可知，当改制后量限为 1A 时，流经 R 的电流为

$$I_0 = I - I_g = (1 - 100 \times 10^{-6})A$$

表头和分流电阻 R 并联，并联支路的电压降相等，即

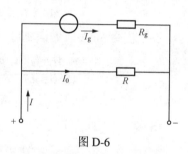

$$I_g R_g = (I - I_g)R$$

$$R = \frac{I_g R_g}{I - I_g} \approx 0.08 \ (\Omega)$$

图 D-6

答：因微安表的准确度等级仅为 1.0 级，所以分流电阻的计算值在此情况下取三位有效数字足够，故为 0.08Ω。

La4D1016　某电阻经高等级标准检定，其实际值 X_0 为 1000.06Ω，用普通电桥测量时，其测量结果 X 为 1000.03Ω，求测量误差 ΔX。

解：已知 $X_0 = 1000.06Ω$，$X = 1000.03Ω$，所以测量误差为

$$\Delta X = X - X_0$$
$$= 1000.03 - 1000.06$$
$$= -0.03 \ (\Omega)$$

答：测量误差为 -0.03Ω。

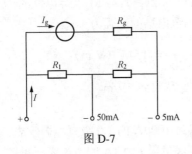

图 D-7

La4D2017 有一只内阻 R_g 为 100Ω，量程为 $500\mu A$ 的 1.0 级微安表，准备改制为 5mA 和 50mA 两个量限的毫安表，见图 D-7，求分流电阻 R_1 和 R_2。

解：设量程为 50mA 时的满刻度电流为 I_1，表头满刻度电流为 I_g，由并联支路电压相等的关系可得

$$(I_1-I_g)R_1=I_g(R_g+R_2)$$
$$(50-0.5)R_1=0.5\times(100+R_2)$$
$$49.5R_1-0.5R_2=50 \qquad ①$$

设量程为 5mA 时的满刻度电流为 I_2

$$(I_2-I_g)(R_1+R_2)=I_gR_g$$
$$(5-0.5)(R_1+R_2)=0.5\times100$$
$$R_2+R_1=11.111 \qquad ②$$

由式①和式②可得

$$R_1=1.11\Omega$$
$$R_2=10\Omega$$

答：分流电阻 R_1 为 1.11Ω，分流电阻 R_2 为 10Ω。

La4D2018 有一只旧毫安表，不知其量程，已知其内部接线如图 D-8 所示，$R_g=1000\Omega$，$R_1=1000\Omega$，表头满刻度电流为 $500\mu A$，若改制成量限为 300V 的电压表，问应在外电路串联阻值为多大的电阻？

解：设该毫安表的量程是 I，

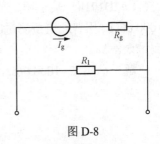

图 D-8

则

$$I = I_g + I_g \frac{R_g}{R_1} = 500 + \frac{500 \times 1000}{1000}$$

$$=1000（\mu A）=1（mA）$$

设并联电路等效电阻为 R_p，则

$$R_p = \frac{R_g R_1}{R_g + R_1} = 500（\Omega）$$

设改制后的电压量限为 U，应串联电阻为 R_2，则

$$R_2 = \frac{U}{I} - R_p = \frac{300}{1 \times 10^{-3}} - 500 = 299.5（k\Omega）$$

答：应串联 299.5kΩ 电阻。

La4D2019 在标准的工作条件下，用一只测量上限 U_N 为 200V 的 0.5 级电压表测量 100V 左右的电压时，绝对误差 ΔU_N 的极限值是多少？相对测量误差 γ 的极限值是多少？

解：绝对误差的极限值取决于电压表本身，得

$$\Delta U_N = U_N \gamma_N = 200 \times 0.005 = 1（V）$$

相对误差的极限值与被测量值的大小有关，即

$$\gamma = \frac{\Delta U_N}{U} \times 100\% = \frac{1}{100} \times 100\% = 1\%$$

答：绝对误差的极限值是 1V，相对误差的极限值是 1%。

La4D2020 被检机电式三相电能表的规格为 2.0 级，3× 220/380V，3×10（40）A，100r/（kW·h）。求潜力试验时限。

解：受检电能表加 110% 参比电压。

$$t_{js} = \frac{20 \times 1000}{Cm U_S I_{JS}} = \frac{20 \times 1000}{100 \times 110\% \times 220 \times 3 \times 0.25 \times 0.005 \times 10}$$

$$\approx 22.1（min）$$

受检电能表加 80% 参比电压。

$$t_{js} = \frac{20\times1000}{CmU_SI_{JS}} = \frac{20\times1000}{100\times80\%\times220\times3\times0.25\times0.005\times10}$$

$$\approx 30.3 \quad (\text{min})$$

答：潜力试验时限为 22.1min（110%参比电压），30.3min（80%参比电压）。

La4D3021 某对称三相电路的负载作星形连接时，线电压 U_L 为 380V，每相负载阻抗 $R=10\Omega$，$X_L=15\Omega$，求负载的相电流 I_{ph}。

解：相电压 $U_{ph} = \dfrac{U_1}{\sqrt{3}} = \dfrac{380}{\sqrt{3}} = 220$ （V）

每相负载阻抗 $|Z| = \sqrt{R^2 + X_L^2} = \sqrt{10^2 + 15^2} \approx 18$ （Ω）

相电流 $I_{ph} = \dfrac{U_{ph}}{|Z|} = \dfrac{220}{18} \approx 12.2$ （A）

答：负载的相电流约为 12.2A。

La4D3022 如图 D-9 所示，电动势 $E=10V$，$R_1=4\Omega$，$R_2=10\Omega$，$R_3=5\Omega$，$R_4=3\Omega$，$R_5=10\Omega$，$R_6=5\Omega$，求电流 I_3 和 I_1。

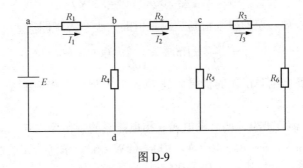

图 D-9

解：首先求出总电流 I_1

$$I_1 = \frac{E}{R_1 + \dfrac{R_4\{R_2 + [R_5 /\!/ (R_3 + R_6)]\}}{R_4 + R_2 + [R_5 /\!/ (R_3 + R_6)]}}$$

$$= \frac{10}{4 + \frac{3 \times (10+5)}{3+10+5}} = 1.54 \ (A)$$

$$U_{bd} = E - I_1 R_1 = 10 - 1.54 \times 4 = 3.84 \ (V)$$

$$I_2 = \frac{U_{bd}}{R_2 + R_5 /\!/ (R_3 + R_6)} \frac{3.84}{10 + \frac{10 \times 10}{5+5+5}} = 0.23 \ (A)$$

$$I_3 = I_2 \times \frac{R_5}{R_5 + R_3 + R_6}$$

$$= 0.23 \times \frac{10}{10+5+5} = 0.115 \ (A)$$

答：$I_3 = 0.115A$，$I_1 = 1.54A$。

La4D3023　欲测量 60mV 电压，要求测量误差不大于 0.4%，现有两块电压表，一块量程为 0～75mV、0.2 级毫伏表，一块量程为 0～300mV、0.1 级毫伏表，问应选哪一块毫伏表，并说明理由。

解：量程为 0～75mV、0.2 级毫伏表的允许误差

$$\Delta_1 = 75 \times 0.2\% = 0.15 \ (mV)$$

量程为 0～300mV、0.1 级毫伏表的允许误差

$$\Delta_2 = 300 \times 0.1\% = 0.3 \ (mV)$$

而测量 60mV 电压的误差要求不大于

$$\Delta = 60 \times 0.4\% = 0.24 \ (mV)$$

所以应选用 75mV、0.2 级毫伏表。

答：应选用 75mV、0.2 级毫伏表。

La4D3024　利用测量电压和电阻的方法，根据公式 $P = \dfrac{U^2}{R}$ 计算功率时，已知电压 $U=100V$，修正值 ΔU 为 $-0.2V$，电阻为 50Ω，修正值 ΔR 为 0.2Ω，若不进行修正时，求功率合成误差

及功率实际值。

解：设功率测量误差为 γ_P，则

$$\gamma_P = \left(2\frac{\Delta U}{U} - \frac{\Delta R}{R} \right) \times 100\% = \left(2 \times \frac{0.2}{100} - \frac{-0.2}{50} \right) \times 100\% = 0.8\%$$

功率的实际值为 P，则

$$P = \frac{U^2}{R}(1 - \gamma_P) = \frac{100^2}{50} \times \left(1 - \frac{0.8}{100} \right) = 198.4 \text{（W）}$$

答：功率测量误差为 0.8%，功率实际值为 198.4W。

La4D3025 当用公式 $I = U/R$ 计算电流时，已知电压的读数是 100V，误差 ΔU 是 5V，电阻标称值 R 是 400Ω，误差 ΔR 是 −0.5Ω，求电流的误差 ΔI 和电流实际值 I。

解：已知 $I = U/R$，则有误差传播式

$$\Delta I = (R\Delta U - U\Delta R)/R^2$$
$$= [400 \times 5 - 100 \times (-0.5)]/(400)^2$$
$$= 0.012\,8 \text{（A）}$$

所以电流实际值 $I = \dfrac{U}{R} - \Delta I = \dfrac{100}{400} - 0.012\,8 = 0.237\,2 \text{（A）}$

答：电流的误差为 0.012 8A，电流实际值为 0.237 2A。

La4D4026 有一个三相负载，每相的等效电阻 $R = 30Ω$，等效电抗 $X_L = 25Ω$。接线为星形，当把它接到线电压 $U = 380V$ 的三相电源时，试求负载消耗的电流 I、功率因数 $\cos\varphi$ 和有功功率。

解：因为是对称三相电路，所以各相电流相等，设为 I，则：

（1）负荷载消耗的电流为

$$I = \frac{U_{\text{ph}}}{|Z|} = \frac{U/\sqrt{3}}{\sqrt{R^2 + X_L^2}} = \frac{380/\sqrt{3}}{\sqrt{30^2 + 25^2}} \approx 5.6 \text{（A）}$$

相电流等于线电流，且相角差依次为 120°。

（2）功率因数为

$$\cos\varphi=\frac{R}{|Z|}=\frac{30}{\sqrt{30^2+25^2}}\approx0.77$$

（3）三相有功功率为

$$P=\sqrt{3}\ UI\cos\varphi=\sqrt{3}\times380\times5.618\times0.768=2840\ （W）$$

答：负载消耗的电流为 5.6A，功率因数为 0.77，三相有功功率为 2840W。

La4D4027 有一个 RLC 串联电路，见图 D-10，$R=100\Omega$，$L=2H$，$C=10\mu F$，频率 $f=50Hz$，求电路的复数阻抗，并求出与该电路等效的并联电路。

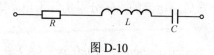

图 D-10

解：已知 $R=100\Omega$，$X_L=2\pi fL=2\times3.14\times50\times2=628$（$\Omega$）

$$X_C=\frac{1}{2\pi fC}=\frac{1}{2\times3.14\times50\times10\times10^6}=318\ （\Omega）$$

所以阻抗为

$$Z=R+j(X_L-X_C)$$
$$=100+j(628-318)$$
$$=100+j310\ （\Omega）$$

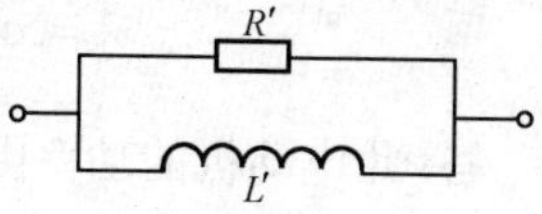

该电路相当于一个 RL 并联电路，见图 D-11，等效导纳为

图 D-11

$$Y=\frac{1}{Z}=\frac{1}{100+j310}=9.5\times10^{-4}-j2.95\times10^{-3}\ （S）$$

$$R'=\frac{1}{G}=1053\ （\Omega）$$

$$L' = \frac{1}{\omega B_L} = \frac{1}{2\pi \times 50 \times 2.95 \times 10^{-3}}$$

$$= 1.08 \ (\text{H})$$

答：电路的复阻抗为（100+j310）Ω。

La4D4028 有一单相电动机，输入功率 P_1 为 1.11kW，电流 I_1 为 10A，电压 U 为 220V。

（1）求此电动机的功率因数 λ_1。

（2）并联电容 100μF，总电流 I 为多少？功率因数提高到多少？

解：（1）电动机的功率因数 $\lambda_1 = \cos\varphi_1 = \dfrac{P_1}{UI_1} = \dfrac{1.11 \times 10^3}{220 \times 10} = 0.5$

（2）电容电流 $I_C = \omega C U = 314 \times 100 \times 10^{-6} \times 220 = 6.9$ （A）

并联电容器后总电流的水平分量仍等于电动机电流的水平分量

$$I_X = I\cos\varphi = I_1\cos\varphi_1 = 10 \times 0.5 = 5 \ (\text{A})$$

总电流的垂直分量为

$$I_Y = I\sin\varphi = I_1\sin\varphi_1 - I_C = 10\sin 60° - 6.9 = 1.76 \ (\text{A})$$

所以 $I = \sqrt{I_X^2 + I_Y^2} = \sqrt{5^2 + 1.76^2} = 5.3$ （A）

$$\lambda_2 = \cos\varphi \frac{I_X}{I} = \frac{5}{5.3} = 0.94$$

答：此电动机的功率因数为 0.5。并联电容后总电流为 5.3A，功率因数提高到 0.94。

La4D5029 已知一电感线圈的电感 L 为 0.551H，电阻 R 为 100Ω，当将它作为负载接到频率 f 为 50Hz 的 220V 电源时，求：

（1）通过线圈的电流 I 大小。

（2）负载的功率因数。

（3）负载消耗的有功功率 P。

解：（1）设负载电流为 I，则

$$I = \frac{U_{ph}}{|Z|} = \frac{U_{ph}}{\sqrt{R^2 + (2\pi f L)^2}}$$

$$= \frac{220}{\sqrt{100^2 + (2 \times 3.14 \times 50 \times 0.551)^2}} = 1.1 \text{（A）}$$

（2）负载功率因数为

$$\cos\varphi = \frac{R}{|Z|} = \frac{100}{200} = 0.5$$

（3）负载消耗的有功功率为

$$P = I^2 R = 1.1^2 \times 100 = 121 \text{（W）}$$

答：电流为 1.1A，功率因数为 0.5，有功功率为 121W。

La4D5030 如图 D-12 所示，有一只电感线圈，现需确定它的参数 R 和 L，由于只有一只电流表和一只 $R_1 = 1000\Omega$ 的电阻，将电阻与线圈并联，接在 f 为 50Hz 的电源上，测出各支路的电流，就能计算出 R 和 L，现已测得：$I = 0.04A$，$I_1 = 0.035A$，$I_2 = 0.01A$，试计算 R 和 L。

解：根据题意，可作相量图，以 $\dot{I}_1$ 为参考相量，见图 D-13

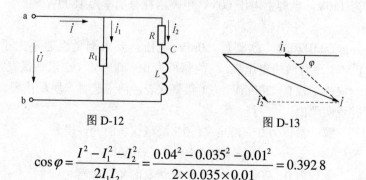

图 D-12　　　　　　　　图 D-13

$$\cos\varphi = \frac{I^2 - I_1^2 - I_2^2}{2 I_1 I_2} = \frac{0.04^2 - 0.035^2 - 0.01^2}{2 \times 0.035 \times 0.01} = 0.3928$$

则 $\varphi=\arccos 0.392\,8=66.9°$

a、b 间的电压 $\dot{U}=\dot{I}R_1=0.035\underline{/\,0°}\times1000=35\underline{/\,0°}$（V）

$$\dot{I}_2=0.01-\underline{/\,-66.9°}\text{（A）}$$

则线圈的阻抗 $Z=\dfrac{\dot{U}}{\dot{I}_2}=\dfrac{35\underline{/\,0°}}{0.01\underline{/\,-66.9°}}=3500\underline{/\,66.9°}$（Ω）

$Z=(1373+\text{j}3219)\Omega$，$R=1373\Omega$，$L=X_L/\omega=10.3\text{H}$

答：R 为 1373Ω，L 为 10.3H。

La3D2031 有一电阻、电感、电容串联的电路，已知 $R=8\Omega$，$X_C=10\Omega$，$X_C=4\Omega$，电源电压 $U=150\text{V}$，求电路总电流 I，电阻上的电压 U_R，电感上的电压 U_L，电容上的电压 U_C 及电路消耗的有功功率 P。

解：（1）$|Z|=\sqrt{R^2+(X_L-X_C)^2}=\sqrt{8^2+(10-4)^2}=10$（Ω）

（2）$I=\dfrac{U}{|Z|}=\dfrac{150}{10}=15$（A）

（3）$U_R=IR=15\times8=120$（V）

（4）$U_L=IX_L=15\times10=150$（V）

（5）$U_C=IX_C=15\times4=60$（V）

（6）$P=I^2R=15^2\times8=1800$（W）

答：电路总电流为 15A，电阻上电压为 120V，电感上电压为 150V，电容上电压 60V，电路消耗有功率为 1800W。

La3D2032 欲测量 60mV 电压，要求测量误差不大于 0.5%，现有两块电压表，一块量程为 0～400mV、0.2 级毫伏表，一块为量程 0～200mV、0.1 级毫伏表，问应选哪一块毫伏表，并说明理由。

解：量程为 0～400mV、0.2 级毫伏表的允许误差

$$\Delta_1=400\times0.2\%=0.8\text{（mV）}$$

量程为 0～200mV、0.1 级毫伏表的允许误差

$$\Delta_2 = 200 \times 0.1\% = 0.2 \text{（mV）}$$

而测量 60mV 电压的误差要求不大于

$$\Delta = 60 \times 0.5\% = 0.3 \text{（mV）}$$

答：应选 200mV、0.1 级毫伏表。

La3D3033 有一个三相三角形接线的负载，每相均由电阻 $R=10\Omega$，感抗 $X_L=8\Omega$ 组成，电源的线电压是 380V，求相电流 I_{ph}、线电流 I、功率因数 $\cos\varphi$ 和三相有功功率 P。

解：设每相的阻抗为 $|Z|$，则

（1）$|Z|=\sqrt{R^2+X_L^2}=\sqrt{10^2+8^2}=12.8$（Ω）

（2）相电流 I_{ph}

$$I_{ph}=\frac{U_{ph}}{|Z|}=\frac{380}{12.8}=29.7 \text{（A）}$$

（3）线电流 I

$$I=\sqrt{3}\,I_{ph}=\sqrt{3}\times29.7=51.4 \text{（A）}$$

（4）功率因数

$$\cos\varphi=\frac{R}{|Z|}=\frac{10}{12.8}=0.78$$

（5）三相有功功率

$$P=3U_{ph}I_{ph}\cos\varphi=3\times380\times29.7\times0.78=26.4 \text{（kW）}$$

答：相电流为 29.7A，线电流为 51.4A，功率因数为 0.78，三相有功率为 26.4kW。

La3D3034 有一只老式单相电能表额定频率 f_1 为 60Hz，电压线圈 W_1 10 500 匝，线径 d_1 0.1mm，现要改制成 f_2 为 50Hz 的额定频率，问改制后电压线圈的匝数 W_2 和线径 d_2 为多少？

解：电压线圈匝数 $W_2=\dfrac{f_1W_1}{f_2}=\dfrac{60}{50}\times10\,500=12\,600$（匝）

电压线圈线径 $d_2 = \dfrac{f_2 d_1}{f_1} = \dfrac{50}{60} \times 0.1 = 0.08$（mm）

答：改制后电线圈为 12 600 匝，线径为 0.08mm。

La3D4035 如图 D-14 所示，E 和 R_1 组成电压源，I_S 和 R_2 组成电流源，$E=10V$，$R_1=1\Omega$，$I_S=5A$，$R_2=100\Omega$，负载电阻 $R=40\Omega$，求负载电流 I。

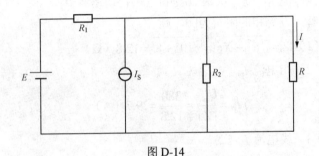

图 D-14

解：将图中的电压源用电流源替换后，见图 D-15 及图 D-16，

$I_{S1} = \dfrac{E}{R_1} = 10/1 = 10$（A），进一步变换后

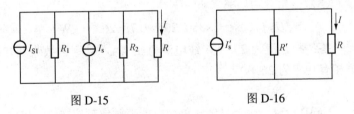

图 D-15   图 D-16

$$I_S' = I_S + I_{S1} = 10 + 5 = 15（A）$$

$$R' = R_1 // R_2 = (1 \times 100)/101 = 0.99（\Omega）$$

所以 $I = I_S' \dfrac{R'}{R + R'} = 15 \times \dfrac{0.99}{40 + 0.99} = 0.36$（A）

答：负载电流为 0.36A。

La3D5036 如图 D-17 所示的 L、C 并联电路中，其谐振频率 f_0=30MHz，C=20μF，求 L 的电感值。

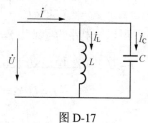

图 D-17

解：因为 $f_0 = \dfrac{1}{2\pi\sqrt{LC}}$

所以 $L = \dfrac{1}{(2\pi f_0)^2 C}$

$= \dfrac{1}{4\pi^2 \times (30 \times 10^6)^2 \times 20 \times 10^{-6}}$

$= 1.4 \times 10^{-12}$（H）

答：L 的电感值为 1.4×10^{-12}H。

La3D5037 在图 D-18 所示的电路中，R=3Ω，X_L=4Ω，X_C=5Ω，$\dot{U} = 4\underline{/15°}$ V，求电流 $\dot{I}_1$、$\dot{I}_2$ 和 $\dot{I}$。

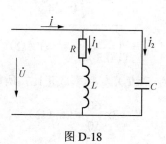

图 D-18

解：已知 R=3Ω，X_L=4Ω，X_C=5Ω，$\dot{U} = 4\underline{/15°}$V，则 RL 串联支路的导纳为

$$Y_1 = \frac{1}{R + \mathrm{j}X_L} = \frac{1}{3 + \mathrm{j}4} = \frac{3 - \mathrm{j}4}{3^2 + 4^2}$$

$$= 0.12 - \mathrm{j}0.16 = 0.2\underline{/-53.1°}\ \text{（S）}$$

电容支路的导纳为

$$Y_2 = \frac{1}{(-jX_C)} = j\frac{1}{5} = j0.2 = 0.2\underline{/90°} \text{ (S)}$$

所以全电路的导纳为 $Y = Y_1 + Y_2 = 0.12 - j0.16 + j0.2 = 0.12 + j0.04$（S）

$$\dot{I} = \dot{U}\,Y = 4\underline{/15°} \times 0.126\,5\underline{/18.4°} = 0.506\underline{/33.4°} \text{ (A)}$$

$$\dot{I}_1 = \dot{U}\,Y_1 = 0.8\underline{/-38.1°} \text{ (A)}$$

$$\dot{I}_2 = \dot{U}\,Y_2 = 0.8\underline{/105°} \text{ (A)}$$

答：$\dot{I}_1 = 0.8\underline{/-31.8°}$ A，$\dot{I}_2 = 0.8\underline{/105°}$ A，$\dot{I} = 0.506\underline{/33.4°}$ A。

La2D1038 有一电阻与电感相串联的负载，电阻为 4Ω，频率为 50Hz 时的功率因数为 0.8，求频率为 60Hz 时负载的功率因数。

解：设频率为 50Hz 的电抗为 X_{L1}，功率因数为 $\cos\varphi_1$，设频率为 60Hz 的电抗为 X_{L2}，功率因数为 $\cos\varphi_2$。

因为
$$\cos\varphi_1 = \frac{4}{\sqrt{4^2 + 4_{L1}^2}} = 0.8$$

所以
$$X_{L1} = \sqrt{\left(\frac{4}{0.8}\right)^2 - 4^2} = 3 \text{ (Ω)}$$

又因感抗（$X_L = 2\pi fL$）与频率成正比，所以

$$X_{L2} = 3 \times \frac{60}{50} = 3.6 \text{ (Ω)}$$

$$\cos\varphi_2 = \frac{4}{\sqrt{4^2 + 3.6^2}} = 0.74$$

答：60Hz 时负载功率因数为 0.74。

La2D3039 有一个 *RLC* 串联电路，电阻 $R=289$Ω，电容 $C=6.37$μF，电感 $L=3.18$H，当将它们作为负载接到电压为 100V，

频率为 50Hz 的交流电源时，求：

（1）电流 I。

（2）负载功率因数 $\cos\varphi$。

（3）负载消耗的有功功率 P 和无功功率 Q。

解：（1）$X_L=2\pi fL=2\times3.14\times50\times3.18=999.0$（$\Omega$）$\approx1000$（$\Omega$）

$$X_C=\frac{1}{2\pi fC}=\frac{1}{2\times3.14\times50\times6.37\times10^6}$$

$$=499.7\Omega\approx500（\Omega）$$

$$|Z|=\sqrt{R^2+(X_L-X_C)^2}$$

$$=\sqrt{289^2+(1000-500)^2}=576.9\Omega$$

$$\approx577（\Omega）$$

所以 $I=\dfrac{U}{|Z|}=\dfrac{100}{577}=0.173$（A）

（2）$\cos\varphi=\dfrac{R}{|Z|}=\dfrac{289}{576.9}=0.501$

（3）$P=I^2R=0.173\ 3^2\times289=8.68$（W）

$$Q=\sqrt{S^2-P^2}=14.96（\text{var}）$$

答：电流为 0.173A，功率因数为 0.501，有功功率为 8.68W，无功功率为 14.96var。

La2D3040 当利用测量电阻上压降的方法，用公式 $I=U/R$ 计算电流时，已知 $R=(200\pm0.01)\Omega$，电压 U 约 40V，如果要求测量电流的标准差 σ_I/I 不大于 0.5%，问电压表的标准差 σ_U 应如何选？

解：其方差计算式为

$$\left(\frac{\sigma_I}{I}\right)^2=\left(\frac{\sigma_U}{U}\right)^2=\left(\frac{\sigma_R}{R}\right)^2$$

因为 $\sigma_I/I=0.5\%$，$U=40V$，$\sigma_R/R\times100\%=\dfrac{0.01}{200}\times100\%=0.005\%$

$$\sigma_U=U\sqrt{(\sigma_I/I)^2-(\sigma_R/R)^2}$$

$$=40\times\sqrt{(0.5^2-0.05^2)}/100=0.199\ （V）$$

所以 σ_U 应小于 0.199V 才能满足要求。

答：电压表的标准差应小于 0.199V。

La2D3041　如图 D-19 所示的直流电路中，$E_1=10V$，$E_2=8V$，$R_1=5\Omega$，$R_2=4\Omega$，$R=20\Omega$，试用戴维南定理求流经电阻 R 的电流 I。

解：运用戴维南定理，将 cf 支路从电路中独立出来，求出其等效内阻 R_0 和等效电动势 E_0，见图 D-20。

$$R_0=R_1\mathbin{/\mkern-5mu/}R_2=\frac{5\times4}{5+4}=\frac{20}{9}\ （\Omega）$$

$$E_0=\frac{E_1-E_2}{R_1+R_2}\times R_2+E_2$$

$$=\frac{2}{9}\times4+8=\frac{80}{9}\ （V）$$

所以　　　　$$I=\frac{E_0}{R_0+R}=\frac{\dfrac{80}{9}}{\dfrac{20}{9}+20}=0.4\ （A）$$

答：流经电阻 R 的电流为 0.4A。

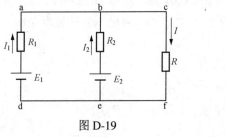

图 D-19

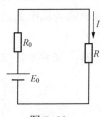

图 D-20

La2D5042 一支 2.0 级电能表，累计电量为 250kW·h，已知在使用范围内频率附加误差极限值为 0.5%，温度附加误差极限值为 1.2%，试求最大可能误差 γ_m 并估计其合成不确定度 σ 和总不确定度 V。

解：（1）最大可能相对误差是

$$\gamma_m=(|2|+|0.5|+|1.2|)/100\times100\%=3.7\%$$

（2）因为各误差项的分布不清楚，现认定它们都遵从均匀分布，按给定条件，其合成不确定度为

$$\sigma=\sqrt{\left(\frac{2}{\sqrt{3}}\right)^2+\left(\frac{0.5}{\sqrt{3}}\right)^2+\left(\frac{1.2}{\sqrt{3}}\right)^2}\times\frac{250}{100}$$

$$=3.4（kW·h）$$

（3）设置信因子 K 为 2，则总不确定度为

$$V=K\sigma=2\times3.4=6.8（kW·h）$$

答： 最大可能相对误差为 3.7%，合成不确定度为 3.4kW·h，总不确定度为 6.8kW·h。

La1D1043 有一个交流电路，供电电压为 U 为 100V，频率 f 为 50Hz，负载由电阻 R 和电感 L 串联而成，已知 R 为 30Ω，L 为 128mH，求：

（1）负载电流 I。

（2）负载功率因数 $\cos\varphi$。

（3）电阻上的压降 U_R。

（4）电感上的压降 U_L。

解：（1）$I=\dfrac{U}{|Z|}=\dfrac{U}{\sqrt{R^2+X_L^2}}$

$$=\frac{100}{\sqrt{30^2+(2\times3.14\times128\times10^{-3}\times50)^2}}$$

$$=2.0（A）$$

（2）$\cos\varphi = \dfrac{R}{|Z|} = \dfrac{30}{50.2} = 0.60$

（3）$U_R = IR = 2\times30 = 60$（V）

（4）$U_L = IX_L = 2\times2\times3.14\times128\times50\times10^{-3} = 80.4$（V）

答：负载电流为 2.0A，负载功率因数为 0.60，电阻上的压降为 60V，电感上的压降为 80.4V。

La1D1044　有一个星形接线的三相负载，每相的电阻 R 为 6Ω，电抗 X_L 为 8Ω，电源电压是三相 380V/220V，试求每相的电流大小及负载阻抗角。

解：因为是三相对称电路，所以每相电流相等，即 $I_A = I_B = I_C = I$，对于三相星形接线，相电流等于线电流，设电流为 I，阻抗为 $|Z|$，相电压为 U_{ph}，则

$$I = \dfrac{U_\varphi}{|Z|} = U_{\mathrm{ph}} / \sqrt{R^2 + X_L^2} = 220 / \sqrt{6^2 + 8^2} = 22\text{（A）}$$

$$\varphi = \arctan\dfrac{X_L}{R} = \arctan\dfrac{8}{6} = 53.10^\circ$$

答：电流为 22A，阻抗角为 53.10°。

La1D2045　同一条件下，6 次测得某点温度分别为 100.3、100.0、100.1、100.5、100.7、100.4℃，求测量值和标准差。

解：平均值 $\overline{X} = \dfrac{1}{6}\times(100.3+100.0+100.1+100.5+100.7+100.4)$

$$=100.3\text{（℃）}$$

标准偏差 $S = \sqrt{\displaystyle\sum_1^n (X_i - \overline{X})^2 / (6-1)} \approx 0.26$

答：测量值为 100.3℃，标准差为 0.26。

La1D2046　试求如图 D-21 所示的电桥电路中 ab 间的等效电阻 R，图中 $R_1 = R_4 = 5$Ω，$R_2 = R_3 = 2$Ω，$R_5 = 10$Ω。

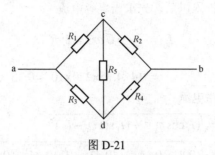

图 D-21

解：将图 D-21 中由 R_2，R_4，R_5 构成的三角形电阻变换成等效的星形（见图 D-22）时，有

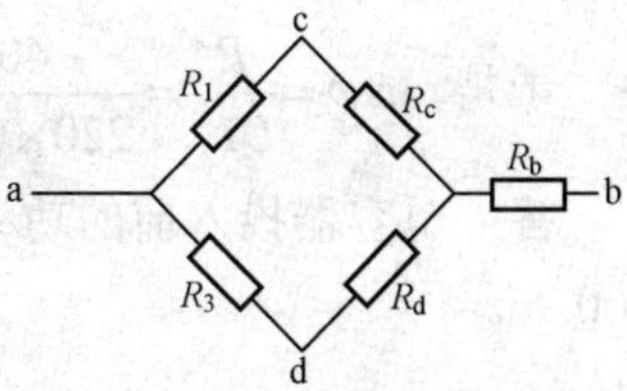

图 D-22

$$R_b = \frac{R_2 R_4}{R_2 + R_4 + R_5}$$

$$= \frac{2 \times 5}{2 + 5 + 10} = \frac{10}{17} \ (\Omega)$$

$$R_c = \frac{R_2 R_5}{R_2 + R_4 + R_5} = \frac{2 \times 10}{2 + 5 + 10} = 20/17 \ (\Omega)$$

$$R_d = \frac{R_4 R_5}{R_2 + R_4 + R_5} = \frac{5 \times 10}{2 + 5 + 10} = \frac{50}{17} \ (\Omega)$$

则 ab 间的等效电阻 $R = (R_1 + R_c) // (R_3 + R_d) + R_b = 3.33$（Ω）

答：ab 间的等效电阻为 3.33Ω。

La1D3047 RR–40 型 220V、40W 日光灯管正常工作时取用的电流为 0.41A，配用 4.75μF 电容器。试问电容器投入前后电路的功率因数如何变化。

解：电容器投入前电路的功率因数

$$\cos\varphi_1 = \frac{P}{UI_1} = \frac{40}{220 \times 0.41} = 0.44$$

电容器投入以后，先求出电容电流

$$I_C = \frac{U}{X_C} = U\omega C = 2\pi fCU$$

$$= 314 \times 4.75 \times 220 \times 10^{-6} = 0.33 \text{ (A)}$$

此时电路电流

$$I_2 = \sqrt{(I_1 \cos\varphi_1)^2 + (I_1 \sin\varphi_1 - I_C)^2}$$

$$= \sqrt{(0.41 \times 0.44)^2 + [0.41 \times \sqrt{1-0.44^2} - 0.33]^2}$$

$$= 0.19 \text{ (A)}$$

于是 $\cos\varphi_2 = \dfrac{P}{UI_2} = \dfrac{40}{220 \times 0.19} = 0.96$

答：电容器投入前的功率因数为 0.44，投入后的功率因数为 0.96。

La1D3048 一台三相电动机接成三角形，功率 $P=4.5\text{kW}$，线电压 $U=380\text{V}$，功率因数 $\cos\varphi=0.85$，求相电流和线电流。

解：因为三相电动机是对称三相负载，所以功率 $P=3UI\cos\varphi$（U、I 分别为相电压、相电流）

所以 $I=P/(3U\cos\varphi)=4500/(3\times220\times0.85)=8.02$（A）

线电流 $I_1=\sqrt{3}\,I=\sqrt{3}\times8.02=13.9$（A）

答：相电流为 8.02A，线电流为 13.9A。

La1D4049 如图 D-23 所示的对称三相电路中，发电机每相电压为 127V，线路电阻 $R_L=0.5\Omega$，每相负载电阻 $R=16.5\Omega$，电抗 $X=24\Omega$，试求各线电流和相电流的有效值。

解：由于线路存在电阻，负载电压不再等于电源线电压，将三角形负载等效变换成星形连接，等效星形（Y）接电阻和电抗分别为

$$R_Y = R_\Delta/3 = 16.5/3 = 5.5 \text{ }(\Omega)$$

$$X_Y = X_\Delta/3 = 24/3 = 8 \text{ }(\Omega)$$

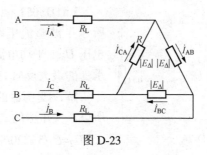

图 D-23

每相的总阻抗$|Z|=\sqrt{(R_L+R_Y)^2+X_Y^2}$

$$|Z|=\sqrt{(0.5+5.5)^2+8^2}=10（\Omega）$$

各线电流为

$$\dot{I}_A=\dot{I}_B=\dot{I}_C=\dot{I}_1=\frac{U_1}{|Z|}=12.7（A）$$

原三角形负载的相电流

$$I_{AB}=I_{BC}=I_{CA}=I_1/\sqrt{3}=7.4（A）$$

答：各线电流为 12.7A，相电流有效值为 7.4A。

La1D5050 已知功率计量装置的实验标准差 S 是 0.15W，系统误差已经修正，今用其测量功率，要求极限误差为 0.3W，问一次测量能否满足要求？若不能满足要求，至少需进行几次测量？

解：一次测量结果的极限误差是 $3S=3×0.15=0.45>0.3$

所以一次测量不能满足要求，需增加测量次数。

因为 $S_{\bar{x}}=S/\sqrt{n}$，所以 $n=S^2/S_{\bar{x}}^2$，其中 $S=0.15$，

$$S_{\bar{x}}=\frac{0.3}{3}=0.1W$$

所以 $n=S^2/S_{\bar{x}}^2=0.15^2/0.1^2=2.25$

则应测三次才能满足要求

答：至少需进行三次测量。

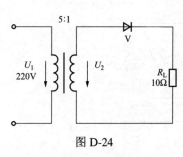

图 D-24

La1D5051 计算图 D-24 中所示半波整流电路输出的平均电压 U_{av}、平均电流 I_{av} 和整流管承受的最大反向电压 U_{m}。

解：变压器的变比为 5:1，所以，变压器的二次电压为

$$U_2=U_1/5=220/5=44（V）$$

输出的平均电压为

$$U_{av}=0.45U_2=0.45×44=20（V）$$

输出的平均电流为

$$I_{av}=U_{av}/R_L=20/10=2（A）$$

整流二极管承受的最大反向电压为

$$U_m=\sqrt{2}\,U_2=1.414×44=62（V）$$

答：输出的平均电压为 20V，平均电流为 2A，整流管承受的最大反向电压为 62V。

Lb5D2052 某一单相电能表铭牌上标明 $C=1200r/（kW·h）$ 求该表转一转应是多少瓦时？

解：由 $K=1000/C$

得 $K=1000/1200=0.833（W·h/r）$

答：该表转一转应是 0.833W·h。

Lb5D2053 有一只 0.2 级 35kV、100/5A 的电流互感器，额定二次负载容量 S_n 为 30V·A，试求该互感器的额定二次负荷总阻抗是多少。

解：因为 $S_n=I_n^2|Z|$

所以 $30=5^2|Z|$

则 $|Z|=30/25=1.2（Ω）$

答：额定二次负荷总阻抗是 1.2Ω。

Lb5D2054　用三块额定电压 100V，标定电流 5A，常数 C_0 1800r/（kW·h）的单相标准电能表，测定一个三相四线电能表的误差。该表的规范是 3×40A、3×380V/220V、常数 C 为 60r/（kW·h），2.0 级，试计算标准电能表的算定转数。

解：由题知，标准表需通过 K_U 为 220V/100V 的标准电压互感器及 K_I 为 40A/5A 标准电流互感器接入电路。C_0=1800，C=60　K_I=40/5，K_U=220/100

选取 N=10，按下列公式计算算定转数 n_0

$$n_0 = \frac{C_0 N}{C K_I K_U} = \frac{1800 \times 10}{60 \times \dfrac{40}{5} \times \dfrac{220}{100}} = 17.045 \text{（r）}$$

答：标准电能表的算定转数为 17.045r。

Lb5D2055　如果一块电能表的计度器转动最快的一位字轮上的齿轮的齿数为 20，传动它的齿轮的齿数为 10，依次往下的齿数比为 $\dfrac{60}{24}$、$\dfrac{60}{12}$，再往下与电能表转轴蜗杆啮合的齿轮齿数为 80，而蜗杆是单螺纹的，计算这只计度器的传动比。

解：计度器的传动比为

$$\frac{20}{10} \times \frac{60}{24} \times \frac{60}{12} \times \frac{80}{1} = 2000$$

答：这只计度器的传动比是 2000。

Lb5D3056　有一块 220V 的单相电能表，其计度器的总位数为 5，其中有两位小数，计度器的齿轮比分别是 50/1，36/36，55/11，蜗杆是单头的，试求该表的总传动比 K_1 和电能表常数 C。

解：总传动比 $K_1 = \dfrac{50}{1} \times \dfrac{36}{36} \times \dfrac{55}{11} = 250$

因为有两位小数

所以 n=10

则电能表常数 $C=nK_1=10\times250=2500$ [r/（kW·h）]

答：该表的总传动比为 250，常数为 2500r/（kW·h）。

Lb5D3057 用一块 220V、5A，常数 C_0 为 900r/（kW·h）的 0.2 级单相标准电能表，测定一只 220V、5A，常数 C 为 1500r/（kW·h）的 2.0 级单相电能表的相对误差。如果要在标定电流 $\cos\varphi=1.0$ 的情况下，将被校表的误差 γ 调整在±1%以内时，试求标准电能表的算定转数和实测转数的允许范围。

解：（1）选取 $N=10$ 转，算定转数 $n_0=\dfrac{C_0}{C}N=\dfrac{900}{1500}\times10=6$（r）

6r 满足 2.0 级被检表要求的标准表 n_0 不少于 3r 的条件，所以可取 N 为 10r。

（2）根据题意：$-1\%\leqslant\gamma\leqslant+1\%$ 代入比较法检验电能表的误差计算公式，得

$$\gamma=\frac{n_0-n}{n}\times100\%$$

计算得 $n_{max}=6.06r$，$n_{min}=5.94r$

答：算定转数为 6r，实测转数的允许范围为 5.94～6.06r。

Lb4D1058 用一台 220V、5A，常数 C_0 为 900r/（kW·h）的 0.2 级单相标准电能表测定一台 220V、5A，常数 C 为 1500r/（kW·h）的 2.0 单相电能表的相对误差。当被检查转 10r 时，试求标准电能表的算定转数。

解：取 $N=10$

标准表算定转数为

$$n_0=\frac{C_0}{C}N=\frac{900}{1500}\times10=6$$（r）

答：算定转数为 6 转。

Lb4D2059 被检的三相四线带附加电流线圈的无功电能

表的规格为 2.0 级，3×380V、5A、400r/（kvar·h）；用三块单相 100V、5A、1800r/（kW·h）的标准电能表按跨相 90°的方式接线进行误差测定，试求标准电能表的算定转数。

解：按题意，标准表应通过 380V/100V 的标准电压互感器接入，标准表按跨相 90°方式接线系数 $k_j = \sqrt{3}/3$，对于 2.0 级电能表，选取 N 为 10r。

标准表算定转数为

$$n_0 = \frac{C_0 N}{C_X K_U K_I} = \frac{1800 \times 10}{400 \times \dfrac{380}{100} \times \dfrac{\sqrt{3}}{3}} = 20.51（r）$$

答：标准表的算定转数为 20.51r。

Lb4D2060 已知二次所接的测量仪表的总容量为 10V·A，二次导线的总长度为 100m，截面积为 2.5mm^2，二次回路的接触电阻按 0.05Ω计算，应选择多大容量的二次额定电流为 5A 的电流互感器？铜线的电阻率 $\rho = 0.018$Ωmm^2/m。

解：按题意需先求二次实际负载的大小

$$S_2 = S_m + I_X^2 (r_c + r_1)$$

$$= 10 + I_X^2 \left(0.05 + \frac{100 \times 0.018}{2.5} \right) = 28（V·A）$$

答：应选择额定二次容量为 30V·A 的电流互感器。

Lb4D2061 某低压客户，电流互感器变比为 50A/5A，配装三相四线有功电能表常数为 1500r/（kW·h），现场用秒表测量，观察功率表，读数为 30kW，负荷稳定，如果表计运行正常，电能表转 10 圈应用多少时间？

解：$P = \dfrac{n \times 3600 \times K_I}{C \times t}$

式中 K_I——电流互感器变比；

$\quad\quad C$——电能表常数。

由上式可得 $t=\dfrac{n\times3600\times K_I}{C\times P}=\dfrac{10\times3600\times\dfrac{50}{5}}{1500\times30}=8$（s）

答：如运行正常，电能表转 10 转应用时间为 8s。

Lb4D2062 有一只单相电能表，常数 $C=2500$r/（kW·h），运行中测得每转的时间是 4s，求该表所接的负载功率是多少？

解：$P=\dfrac{3600\times1000\times1}{2500\times4}=360$（W）

答：该表所接的负载功率为 360W。

Lb4D3063 用三只额定电压为 100V，标定电流为 5A，常数为 1800 的标准电能表，检验一只 2.0 级三相四线有功电能表，已知这只被试电能表的额定电压为 3×380/220V，标定电流为 40A，常数为 60r/（kW·h），请按要求选择合适的标准互感器变比，并计算在检验 $\cos\varphi=1$，$100\%I_b$ 时被试电能表应该选多少转？并计算出标准表的算定转数。

解：由题意可知标准电能表应通过 220V/100V 的电压互感器和 40A/5A 的电流互感器接入。

按照规程规定，标准电能表的转数应不少于 3r，故

$$N=\dfrac{3\times60\times\dfrac{40}{5}\times\dfrac{220}{100}}{1800}=1.76（r）$$

所以选被检表转数 N 大于 2r。

当 $N=2$ 时，标准表的算定转数

$$n_0=\dfrac{3\times2}{1.76}=3.409（r）$$

答：被检表转数大于 2r，标准表的算定转数为 3.409r。

Lb4D3064 检验 2.0 级有功电能表，满负荷 $\cos\varphi=1$ 时，

标准表算定转数是 5r，实测为第一次转 4.899，第二次转 4.995，计算相对误差，并按步骤化整，结论是否合格，为什么？

解：取两次数据的平均值进行误差计算

$$\frac{4.899+4.895}{2}=4.897$$

$$r=\frac{5-4.897}{4.897}\times100=2.103\%$$

按 0.2 化整间距，2.103%化整为 2.2%。

答：该表不合格，因为化整后超过 JJG 307—2006 规定的基本误差限。

Lb4D3065　有一只三相电能表，其铭牌标有×100，$3\times\frac{3000}{100}$ V、$3\times\frac{100}{5}$ A，该表通过额定变比 $\frac{6000}{100}$、$\frac{250}{5}$ 的电压、电流互感器接入电路运行，试求实际倍率 B_L。

解：$K_U=\frac{3000}{100}=30$，$K_I=\frac{100}{5}=20$

$$K'_U=\frac{6000}{100}=60,\quad K'_I=\frac{250}{5}=50$$

$$B_L=\frac{K'_I K'_U}{K_I K_U}K_j=\frac{50\times60}{20\times30}\times100=500$$

答：实际倍率 B_L 为 500。

Lb4D3066　一居民客户电能表常数为 3000r/（kW·h），测试负荷为 100W，电能表转一转需多少时间？如果测得转一转的时间为 11s，误差应是多少？

解：$$t=1\times\frac{3600}{0.1}\times3000=12（s）$$

$$r=\frac{12-11}{11}\times100\%=9.1\%$$

答：电表转一转需时 12s，如测得转一转的时间为 11s，实际误差为 9.1%。

Lb4D3067 某单相检定装置的标准电流互感器是 0.05 级，额定二次容量为 10V·A，而校验台的电流回路二次连接的阻抗是：标准表 0.15Ω，功率表 0.1Ω，电流表 0.15Ω，回路的导线及接触电阻共 0.2Ω，试求该回路实际二次负荷容量 S，是否符合要求？

解： 电流互感器二次回路的实际总阻抗为

$$Z=0.15+0.1+0.15+0.2=0.6（\Omega）$$

实际负荷容量为

$$S=I^2Z=5^2×0.6=15（V·A）$$

答： 该回路实际二次负荷容量为 15V·A，大于标准电流互感器的额定二次容量 10V·A，故不符合要求。

Lb4D4068 用参比电压 220V，基本电流 5A，0.2 级的标准电能表［常数 1800r/（kW·h）］，校验参比电压为 220V，基本电流 5A，常数为 3000r/（kW·h）的 2.0 级单相电能表，在基本电流下 $\cos\varphi=1$ 时，将被校表的相对误差 r 调在±1%的范围内，求标准电能表的算定转数和标准表允许的最大、最小实测转数为多少？

解： 当被校表选取 $N=10$ 转时，标准表的算定转数：

（1）$n_0=\dfrac{C_0N}{C}=\dfrac{1800×10}{3000}=6（r）$

若将被校表的相对误差 r 调在±1%的范围内，即$-1\%\leqslant\dfrac{n_0-n}{n}×100\%\leqslant1\%$，有

（2）$n_{\max}=\dfrac{n_0}{1-1\%}=\dfrac{6}{1-1\%}=6.06（r）$

（3）$n_{\min}=\dfrac{n_0}{1+1\%}=\dfrac{6}{1+1\%}=5.94（r）$

答： 标准表算定转数为 6 转，标准表允许的最大实测转数

为 6.06 转，标准表允许的最小实测转数为 5.94 转。

Lb3D3069　用一台电能表标准装置测定一只短时稳定性较好的电能表某一负载下的相对误差，在较短的时间内，在等同条件下，独立测量 5 次，所得的误差数据分别为 0.23%，0.20%，0.21%，0.22%，0.23%，试计算该装置的单次测量标准偏差估计值和最大可能的随机误差。

解：平均值 $\overline{\gamma} = \dfrac{0.23 + 0.21 + 0.22 + 0.23 + 0.20}{5} = 0.218\%$

残余误差 $\Delta\gamma_i = \gamma_i - \overline{\gamma}$

$$\Delta\gamma_1 = 0.012\%$$
$$\Delta\gamma_2 = -0.018\%$$
$$\Delta\gamma_3 = -0.008\%$$
$$\Delta\gamma_4 = 0.002\%$$
$$\Delta\gamma_5 = 0.012\%$$

标准偏差估计值

$$S = \sqrt{\frac{\Sigma\Delta\gamma_i^2}{n-1}}$$
$$= \sqrt{\frac{0.012^2 + (-0.018)^2 + (-0.008)^2 + 0.002^2 + 0.012^2}{5-1}}$$
$$= 0.013\%$$

最大可能的随机误差 $\gamma_{max} = \pm 3S = \pm 0.039\%$

答：标准偏差估计值为 0.013%，最大可能的随机误差为 ±0.039%。

Lb3D3070　某高压客户，电压互感器变比为 10kV/0.1kV，电流互感器变比为 50A/5A，有功表常数为 2500r/（kW·h），现实测有功表 6 转需 30s，试计算该客户有功功率。

解：$P = \dfrac{6 \times 3600}{2500 \times 30} \times \dfrac{10}{0.1} \times \dfrac{50}{5}$

$\qquad = 288$（kW）

答：该客户此时有功功率为 288kW。

Lb3D3071 有一只三相四线有功电能表，V 相电流互感器反接达一年之久，累计电量为 2000kW·h，求差错电量（假定三相负载平衡）。

解：由题意可知，V 相电流互感器极性接反，错接线功率表达式为

$P_错 = U_U I_U \cos(\dot{U}_U \widehat{} \dot{I}_U) + U_V I_V \cos[\dot{U}_V \widehat{}(-\dot{I}_V)] + U_W I_W \cos(\dot{U}_W \widehat{} \dot{I}_W)$

$\quad = U_U I_U \cos\varphi_U + U_V I_V \cos(180° - \varphi_V) + U_W I_W \cos\varphi_W$

三相负载平衡：$U_U = U_V = U_W = U \quad I_U = I_V = I_W = I$

$$\varphi_U = \varphi_V = \varphi_W = \varphi$$

则 $P_错 = UI\cos\varphi$

正确接线时的功率表达式为

$$P = 3UI\cos\varphi$$

更正系数 $\quad K = \dfrac{P_r}{P_错} = \dfrac{3UI\cos\varphi}{UI\cos\varphi} = 3$

差错电量 $\quad \Delta = (K-1)W = (3-1) \times 2000$

$\qquad\qquad = 4000$（kW·h）

答：差错电量 4000kW·h。

Lb3D3072 某低压三相客户，安装的是三相四线有功电能表，三相电流互感器（TA）铭牌上变比均为 300/5，由于安装前对表计进行了校试，而互感器未校试，运行一个月后对电流互感器进行检定发现：V 相 TA 比差为−40%，角差合格，W 相 TA 比差为+10%，角差合格，U 相 TA 合格，已知运行中的平均功率因数为 0.85，故障期间抄录电量为 500kW·h，试求应

退补的电量ΔW。

解：先求更正系数

$$K_G = \frac{3IU\cos\varphi}{IU\cos\varphi + (1-0.4)IU\cos\varphi + (1+0.1)IU\cos\varphi} = 1.11$$

故应追补的电量为

$$\Delta W = (K_G - 1) \times 500 \times \frac{300}{5} = 3300 \ (\text{kW} \cdot \text{h})$$

答：退补电量为$3300\text{kW} \cdot \text{h}$。

Lb3D4073 已知三相三线有功表接线错误，其接线形式为：一元件U_{VW}、$-I_W$，二元件U_{UW}、I_U，写出两元件的功率表达式和总功率表达式，并确定更正系数。

解：$P_U = U_{VW}I_W\cos(30° - \varphi)$

$\quad\quad P_W = U_{UW}I_U\cos(30° - \varphi)$

在对称的三相电路中，$U_{VW} = U_{UW} = U_X \quad I_U = I_W = I_X$

$\quad\quad P_\Sigma = P_U + P_W = U_X I_X[\cos(30° - \varphi) + \cos(30° - \varphi)]$

$\quad\quad\quad = 2U_X I_X \cos(30° - \varphi)$

更正系数

$$K = \frac{P_{\text{正}}}{P_{\text{错}}} = \frac{\sqrt{3}U_X I_X \cos\varphi}{2U_X I_X \cos(30° - \varphi)}$$

$$= \frac{\sqrt{3}}{\sqrt{3} + \tan\varphi}$$

答：更正系数为$\dfrac{\sqrt{3}}{\sqrt{3} + \tan\varphi}$。

Lb3D4074 已知三相三线有功表接线错，其接线形式为：一元件U_{WU}、$-I_U$，二元件U_{VU}、$-I_W$，写出两元件的功率表达式和总功率表达式，并确定出更正系数。

解：$P_A = U_{WU}I_U\cos[\dot{U}_{WU}\widehat{(-\dot{I}_U)}]$

$$P_C = U_{VU}I_W\cos[\dot{U}_{VU}\widehat{(-\dot{I}_W)}]$$

在对称的三相电路中，$U_{WU}=U_{VU}=U_X$　$I_U=I_W=I_X$

$$P_\Sigma = P_U + P_W = U_X I_X[\cos(30°-\varphi)+\cos(90°-\varphi)]$$

$$= \sqrt{3}\,U_X I_X\cos(60°-\varphi)$$

更正系数

$$K = \frac{P_{正}}{P_{错}} = \frac{\sqrt{3}U_X I_X\cos\varphi}{\sqrt{3}U_X I_X\cos(60°-\varphi)}$$

$$= \frac{2}{1+\sqrt{3}\tan\varphi}$$

答：更正系数为 $\dfrac{2}{1+\sqrt{3}\tan\varphi}$。

Lb3D4075　现场检验发现一客户的错误接线属 $P=\sqrt{3}\,UI\cos(60°-\varphi)$，已运行两月，抄录电量为 8500kW·h，负载的平均功率因数角 $\varphi=35°$，并证明 φ 角始终大于 30°，电能表的相对误差 $\gamma=3.6\%$，试计算两个月应追退的电量（取 $\tan35°=0.7$）。

解：更正系数

$$K_G = \frac{P_0}{P} = \frac{\sqrt{3}UI\cos\varphi}{\sqrt{3}UI\cos(60°-\varphi)} = \frac{2}{1+\sqrt{3}\tan\varphi}$$

$$= \frac{2}{1+0.7\sqrt{3}} \approx 0.905$$

应追退的电量为

$$\Delta W = \left[0.905\times\left(1-\frac{3.6}{100}\right)-1\right]\times 8500 = -1080　(kW·h)$$

答：两个月应退给客户电量 1080kW·h。

Lb3D5076　某低压三相客户，安装的是三相四线有功电能表，电流互感器变比为 250A/5A，装表时误将 W 相二次电流接到了表的 U 相，负的 U 相电流接到了表的 W 相，已知故障期间平均功率因数 $\cos\varphi$ 为 0.88，故障期间抄录电量（有功）为 300（kW·h），试求应追补的电量 ΔW。

解：先求更正率 ε

$$\varepsilon = \frac{3IU\cos\varphi}{IU\cos(120° - \varphi) + IU\cos\varphi + IU\cos(180° - 120° - \varphi)} - 1$$

$$= \frac{3IU \times 0.88}{-0.03IU + 0.88IU + 0.851IU} - 1 = 0.552$$

故应追补的电量为

$$\Delta W = 0.552 \times 300 \times \frac{250}{5} = 8280 \ （kW·h）$$

答：应追补电量 8280kW·h。

Lb2D1077　一工厂低压计算负荷 P 为 170kW，综合功率因数 $\cos\varphi$ 为 0.83，求计算电流及应装多大容量的电能表及电流互感器。

解：$I = \dfrac{P}{\sqrt{3} \times U\cos\varphi} = \dfrac{170\ 000}{\sqrt{3} \times 380 \times 0.83} = 311.2 \ （A）$

答：应配装 300/5A 电流互感器，3×380V、1.5（6）A 三相三线电能表。

Lb2D2078　已知一额定电压为 220V 的电能表，电压线圈匝数为 6500 匝，线径 d_1 为 0.14mm，励磁电流为 21mA，若改成 100V，请问应绕多少匝？导线直径 d_2 为多少？励磁电流约为多少？

解：（1）匝数与外加电压成正比，故改后匝数为

$$N = \frac{100}{220} \times 6500 = 2955 \ （匝）$$

（2）改后功耗与改前功耗应相等，故改后电流为

$$I_2 = \frac{220}{100} \times 21 = 46.2 \text{（mA）}$$

（3）电流密度应保持一致，故改后导线直径为

$$d_2 = \sqrt{\frac{I_2}{I_1}} \times d_1 = \sqrt{\frac{U_1}{U_2}} \times d_1$$

$$d_1 = \sqrt{\frac{220}{100}} \times 0.14 = 0.21 \text{（mm）}$$

答： 改成 100V 后，应绕 2955 匝，导线直径为 0.21mm，励磁电流约 4.62mA。

Lb2D2079 某台单相电能表校验装置，已知某标准设备的实测误差如下。

（1）标准表：$\cos\varphi = 1$ 时，$\gamma_b = 0.24\%$。

（2）标准互感器：$\gamma_I = -0.07\%$，$\gamma_U = -0.08\%$。

（3）标准表与被试表端子之间的电压降：$\gamma_d = 0.03\%$。

试求 $\cos\varphi = 1$ 时的系统误差。

解： 由 $\gamma = \gamma_b + \gamma_H + \gamma_d$，得出当 $\cos\varphi = 1$ 时，

$\gamma = \gamma_b + \gamma_H + \gamma_d = 0.24\% + (-0.07\% - 0.08\%) + 0.03\% = 0.12\%$

Lb2D3080 某 110kV 供电的客户，在计量装置安装过程中，误将 V 相电流接到了电能表的负 W 相，已知故障期间平均功率因数为 0.9，抄录电量为 15 万 kW·h，有功电能表为 DS864-2 型，试求应追补的电量。

解： 110kV 系统 TA、TV 均采用星形接线，故有 V 相电流，先求更正率 ε

$$\varepsilon = \frac{\sqrt{3}UI\cos\varphi}{IU\cos(30° + \varphi) + IU\cos(30° + \varphi)} - 1 = 0.389$$

故应追补电量为 0.389×15=5.835 万（kW·h）

答： 应追补电量为 5.835 万 kW·h。

Lb2D3081 某三相高压客户安装的是三相三线两元件有功电能表，TV、TA 均采用 V 形接线，当 W 相保险熔断时测得表头 UV 电压幅值为 25V，WV 电压幅值为 100V，UV 与 WV 电压同相，W 相保险熔断期间抄录电量为 100 000kW·h，试求应追补的电量（故障期间平均功率因数为 0.88）。

解：先求更正率 ε

$$\varepsilon = \frac{\sqrt{3}IU\cos\varphi}{0.25IU\cos(90°+\varphi)+IU\cos(30°-\varphi)}-1$$

$$= \frac{\sqrt{3}IU \times 0.88}{-0.1187IU+0.999IU}-1=0.731$$

故应追补电量为

$$\Delta W=0.731\times 100\,000=73\,100（kW·h）$$

答：应追补的电量为 73 100kW·h。

Lb2D4082 一台单相 10kV/100V、0.5 级电压互感器，二次所接的负载 $S=25$V·A，$\cos\varphi=0.4$，每根二次连线的导线电阻 r 为 0.8Ω，试计算二次回路的电压降（比差和角差）。

解：因为 $r \ll Z_{bz}$，所以可以认为 $I=\dfrac{S_b}{U_z}=\dfrac{25}{100}=0.25$A

比差 $f=\dfrac{-2rI\cos\varphi_0}{U_2}\times 100\%$

$$= \frac{-2\times 0.8\times 0.25\times 0.4}{100}\times 100\%$$

$$=-0.16\%$$

角差 $\delta=\dfrac{2rI\sin\varphi_0}{U_2}\times 3438$

$$= \frac{2\times 0.8\times 0.25\times 0.92}{100}\times 3438$$

$$=12.6'$$

答：二次回路电压降相对于电压互感器二次电压的比差为 -0.16%，角差为 $12.6'$。

Lb2D4083 某客户 1～6 月共用有功电量 W_P=10 590.3 万 kW·h，无功电量 W_Q=7242.9 万 kvar·h，现测得电能表用电压互感器二次导线压降引起的比差和角差为 Δf_{UV}=−1.36%、$\Delta\delta_{UV}$=25.4、Δf_{WV}=−0.41%、$\Delta\delta_{WV}$=50，试计算由于二次导线压降的影响带来的计量误差。

解： $\tan\varphi = \dfrac{W_Q}{W_P} = \dfrac{7242.9}{10\,590.3} = 0.684$

$$\sum P = \left[\frac{\Delta f_{UV} + \Delta f_{WV}}{2} + \frac{\Delta\delta_{WV} - \Delta\delta_{UV}}{119.1} \right.$$
$$\left. + \left(\frac{\Delta f_{WV} - \Delta f_{UV}}{3.464} - \frac{\Delta\delta_{UV} + \Delta\delta_{WV}}{68.8} \right) \tan\varphi \right]$$
$$= \left[\frac{-1.36 - 0.41}{2} + \frac{50 - 25.4}{119.1} \right.$$
$$\left. + \left(\frac{-0.41 - (-1.36)}{3.461} - \frac{25.4 + 50}{68.6} \right) \times 0.684 \right]$$
$$= -1.24\%$$

答： 由于二次导线压降的影响带来的计量误差为−1.24%。

Lb2D4084 已知某块表铭牌上标示的电压、电流互感器变比为 1000V/100V、50A/5A，而实际所接的电流、电压互感器变比为 100A/5A、600V/100V，电能表计度器的倍率为 100，若抄录电能表读数为 100kW·h，那么抄读的实际电量为多少？

解： 该表的实用倍率为

$$B_L = \frac{K_I' K_U' C_J}{K_I K_U} = \frac{\dfrac{100}{5} \times \dfrac{600}{100} \times 100}{\dfrac{50}{5} \times \dfrac{1000}{100}} = 120$$

所以抄读的实际电量为

$$W = \Delta W B_L = 100 \times 120 = 12\,000\ (kW\cdot h)$$

答： 抄读的实际电量为 12 000kW·h。

Lb2D5085 将一只 3×100V，1.5（6）A 的三相电能表改为 3×100V，0.3（1.2）A 的三相电能表，并保持其计量特性不变，已知原电流线圈的匝数为 10 匝，导线截面积为 3.14mm²，计算改制后电流线圈的匝数和线径。

解：因为 I_{b1}=1.5A W_{11}=10 匝 S_1=3.14mm²

所以，原电流线圈导线直径 $d_1=\sqrt{\dfrac{4S_1}{\pi}}=\sqrt{\dfrac{4\times3.14}{3.14}}=2\text{mm}$

故改制后的电流线圈匝数为

$$W_{12}=\frac{I_{b1}}{I_{b2}}W_{11}=\frac{1.5}{0.3}\times10=50\ \text{（匝）}$$

改制后的电流线圈导线直径为

$$d_2=d_1\sqrt{\frac{I_{b2}}{I_{b1}}}=2\times\sqrt{\frac{0.3}{1.5}}=0.89\ \text{（mm）}$$

答：改制后电流线圈的匝数为 50 匝，线径为 0.89mm。

Lb1D1086 某电能表因接线错误而反转，查明其错误接线属 $P=-\sqrt{3}\,UI\cos\varphi$，电能表的误差 $r=-4.0\%$，电能表的示值由 10 020kW·h 变为 9600kW·h，改正接线运行到月底抄表，电能表示值为 9800kW·h，试计算此表自装上计数到抄表期间实际消耗的电量。

解：（1）$K_G=\dfrac{P_0}{P_1}=\dfrac{\sqrt{3}UI\cos\varphi}{-\sqrt{3}UI\cos\varphi}=-1$

误接线期间表计电量

$$W=9600-10\ 020=-420\ \text{（kW·h）}$$

（2）误接线期间实际消耗电量（$r=-4\%$）

$$W_0=WK_G(1-r\%)$$
$$=(-420)\times(-1)\times(1+0.04)$$
$$=437\ \text{（kW·h）}$$

（3）改正接线后实际消耗电量

9800−9600=200（kW·h）

（4）自装上计数到抄表期间实际消耗的电量

437+200=637（kW·h）

答：自装上计数到抄表期间，此表实际消耗电量为637kW·h。

Lb1D3087 某客户一块 DT8 型三相四线有功电能表，其C 相电流互感器二次侧反极性，BC 相电压元件接错相，错误计量了六个月，电能表六个月里，累计的电量数为 100 万 kW·h，平均功率因数为 0.85，求实际电量并确定退补电量。

解：（1）错误接线的功率公式为

$$P'=U_X I_X (\cos\varphi+\sqrt{3}\sin\varphi)$$

（2）更正系数为

$$K=\frac{P}{P'}=\frac{\sqrt{3}U_X I_X \cos\varphi}{U_X I_X(\cos\varphi+\sqrt{3}\sin\varphi)}=\frac{3}{1+\sqrt{3}\tan\phi}$$

在功率因数 $\cos\varphi=0.85$、$\tan\varphi=0.62$ 时，得

$$K=\frac{3}{1+\sqrt{3}\tan\varphi}=\frac{3}{1+0.62\times\sqrt{3}}=1.447$$

（3）实际有功电量为

$$W_f=1.447\times100 \text{ 万 kW·h}=144.7 \text{ 万}（kW·h）$$

（4）应退补电量为

$$\Delta W=100−144.7=−44.7 \text{ 万}（kW·h）$$

答：实际电量为 144.7 万 kW·h，应补电量为 44.7 万 kW·h。

Lb1D3088 某厂一块三相三线有功电能表，原读数为3000kW·h，两个月后读数为 1000kW·h，电流互感器变比为100A/5A，电压互感器变比为 600V/100V，经检查错误接线的功率表达式为 $P'=-2UI\cos(30°+\varphi)$，平均功率因数为 0.9，求实

际电量。

解：错误接线电能表反映的功率为

$$P'=-2UI\cos(30°+\varphi)$$

更正系数

$$K=\frac{P}{P'}=\frac{\sqrt{3}UI\cos\varphi}{-2UI\cos(30°+\varphi)}$$

$$=\frac{-\sqrt{3}}{\sqrt{3}-\tan\varphi}$$

因为 $\cos\varphi=0.9$，所以 $\tan\varphi=0.48$

$$K=\frac{-\sqrt{3}}{\sqrt{3}-0.48}=-1.39$$

实际有功电量为

$$W=KW'_{R}=-1.39\times(1000-3000)\times\frac{100}{5}\times\frac{600}{100}$$

$$=33.36\text{ 万（kW·h）}$$

答：实际有功电量为 33.36 万 kW·h。

Lb1D3089 已知一只电流负载箱的额定电流 I_n 为 5A，额定功率因数 $\cos\varphi=0.8$，规定外接导线阻值 R_0 为 0.06Ω。求额定负荷为 10V·A 时的额定负荷阻抗值，以及负荷箱内阻抗的有功分量 R_P 和无功分量 X_Q。

解：（1）额定负荷的阻抗 Z_n

$$Z_n=\frac{S_n}{I_n^2}=\frac{10}{5^2}=0.4\text{（Ω）}$$

（2）负荷箱内阻抗的有功分量

$$R_P=R_n-R_o=Z_n\cos\varphi-R_o$$
$$=0.4\times0.8-0.06=0.26\text{（Ω）}$$

（3）负荷箱内阻抗的无功分量

$$X_Q=X_n-X_o=Z_n\sin\varphi-0=0.4\times0.6=0.24\text{（Ω）}$$

答：额定负荷阻抗为 0.4Ω，负荷箱内阻抗有功分量为 0.26Ω，负荷箱内阻抗无功分量为 0.24Ω。

Lb1D3090 检定一台额定电压 U_n 为 220V 电压互感器（检定时环境温度为 20℃），其二次负荷 S_n 为 8V·A，功率因数 $\cos\varphi$ 为 1.0，计算应配多大的电阻作为负荷及该电阻值的允许范围。

解：（1）先求应配的电阻值

$$R_n = \frac{U_n^2}{S_n \cos\varphi} = \frac{220^2}{8 \times 1.0} = 6050（\Omega）$$

（2）求电阻值的允许范围

$$R_{nmax} = R_n(1+3\%) = R_n \times 1.03 = 6231.5（\Omega）$$

$$R_{nmin} = R_n(1-3\%) = R_n \times 0.97 = 5868.5（\Omega）$$

也即电阻值的允许范围为 $5868.5\Omega \leqslant R_n \leqslant 6231.5\Omega$

答： 应配置的电阻为 6050Ω，电阻值的允许范围为 5868.5~6231.5Ω。

Lb1D3091 某电子式多功能电能表，参数为 3×220/380V、3×1.5(6)A、脉冲常数为 2000imp/kW·h、用标准功率表法检验 $I_b \cos\varphi = 1$ 负荷点的最大需量示值误差。已知测量装置电流互感器变比 $K_I = 1.5/5$、$K_U = 2.2$，标准功率表读数平均值为 1498.89W，被检表最大需量示值为 0.987kW，试求此负荷点最大需量的示值误差。

解： 将标准功率表的读数折算到装置的一次侧得到标准功率表的示值 P_0

$$P_0 = \frac{P_{av} \times K_U \times K_I}{1000} = \frac{1498.89 \times 2.2 \times 0.3}{1000} = 0.9893（kW）$$

读取被检表最大需量示值 $P = 0.987$kW

则需量示值误差

$$\gamma_p = \frac{P - P_0}{P_0} \times 100\% = \frac{0.987 - 0.9893}{0.9893} \times 100\% = -0.23\%$$

答：此负荷点最大需量的示值误差为–0.23%。

Lb1D4092　已知一台 10 000/100V 电压互感器的一次绕组内阻抗 $Z_1=4840+j968\Omega$，在额定电压时的空载电流 $I_0=0.004\,55A$，铁芯损耗角 $\psi=45°$，求互感器空载误差 f_0 和 δ_0。

解：

$$f_0 = -\frac{I_0 R_1 \sin\varphi + I_0 x_1 \cos\varphi}{U_1}\times 100\%$$

$$= -\frac{0.004\,55\times4840\sin45° + 0.004\,55\times968\cos45°}{10\,000}\times100\%$$

$$= -0.187\%$$

$$\delta_0 = \frac{I_0 R_1 \cos\varphi - I_0 x_1 \sin\varphi}{U_1}\times 3438$$

$$= \frac{0.004\,55\times4840\cos45° - 0.004\,55\times968\sin45°}{10\,000}\times3438$$

$$= 4.282'$$

答：f_0 为–0.187%，δ_0 为 4.282′。

Lb1D4093　已知一台 220/100V 电压互感器的一次绕组内阻抗 $Z_1=0.484+j0.098\Omega$，二次绕组内阻抗 $Z_2=0.1+j0.03\Omega$，额定二次负荷为 10V·A，$\cos\varphi=1$，求互感器的负载误差 f_L 和 δ_L。

解：将 Z_2 折算到一次，则

$$Z_2' = K_n^2 Z_2 = (220/100)^2(0.1+j0.03) = 0.484+j0.145 \text{（}\Omega\text{）}$$

$$Z_1 + Z_2' = 0.484+0.484+j(0.096\,8+0.145)$$

$$= 0.968+j0.242 \text{（}\Omega\text{）}$$

$$I_2 = \frac{1}{K_N}I_2 = \frac{100}{220}\times0.1 = 0.045\,5 \text{（A）}$$

则

$$f_f = -\frac{I_2'(R_1 + R_2')\cos\varphi + I_2'(x_1 + x_2')\sin\varphi}{U_1} \times 100$$

$$= -\frac{0.045\,5 \times 0.968 \times 1 + 0.045\,5 \times 0.242 \times 0}{220} \times 100$$

$$= -0.02\%$$

$$\delta_f = \frac{I_2'(R_1 + R_2')\sin\varphi - I_2'(x_1 + x_2')\cos\varphi}{U_1} \times 3438$$

$$= \frac{0.045\,5 \times 0.968 \times 0 - 0.045\,5 \times 0.242 \times 1}{220} \times 3438$$

$$= -0.172'$$

答：负载比值差 f_f 为 -0.02%，负载相位差 δ_f 为 $-0.172'$。

Lb1D4094 一台电压互感器的 $Z_1' + Z_2 = 1.2 + j0.2\Omega$，通过在二次绕组上并联 $4\mu F$ 的电容器求对误差的补偿值。

解：补偿的复数误差

$$\Delta\bar{\varepsilon} = -j\omega C(Z_1' + Z_2) = -j100\pi \times 4 \times 10^{-6} \times (1.2 + j0.2)$$

$$= (0.25 - j1.5) \times 10^{-3}$$

$$\Delta f = 0.25 \times 10^{-3} \times 100 = +0.025\%$$

$$\Delta\delta = -1.5 \times 10^{-3} \times 3438 = -5.16'$$

答：对比值差的补偿为 $+0.025\%$，对相位差的补偿为 $-5.16'$。

Lb1D4095 额定二次电流为 5A，额定负荷为 $20\text{V} \cdot \text{A}$、功率因数为 0.8 的电流互感器，当采用 $C = 1\mu F$ 的电容对互感器并联补偿时，求在额定负荷和下限负荷时的补偿值。

解：额定负荷 $Z_N = \dfrac{S_N}{I_{2N}^2} = \dfrac{20}{5^2} = 0.8$

下限负荷 $Z_X = 25\%$　$Z_N = 0.2$（Ω）

则额定负荷下的补偿值

$$\Delta f_n = 100\pi C Z_N \sin\varphi \times 100\%$$

$$= 100\pi \times 1 \times 10^{-6} \times 0.8 \times 0.6 \times 100\%$$

$$= 0.015\%$$

$$\Delta\delta_n = -100\pi CZ_N\cos\varphi\times 3438$$

$$= -100\pi\times 1\times 10^{-6}\times 0.8\times 0.8\times 3438 = -0.69'$$

下限负荷时的补偿值

$$\Delta f_x = 25\%\Delta f_n = 0.25\times 0.015 = 0.003\,8\%$$

$$\Delta\delta_x = 25\%\Delta\delta_n = 0.25\times(-0.69) = -0.17'$$

答：在额定负荷下的补偿值为 0.015%，下限负荷时的补偿值为 0.003 8%。

Lb1D4096 3×220V，三相四线电路中，在 I_b 时互感器误差试验数据为：$f_{IU}=-0.1\%$，$\delta_{IU}=10'$；$f_{IV}=-0.2\%$，$\delta_{IV}=5'$；$f_{IW}=-0.3\%$，$\delta_{IU}=5'$，当负荷为 I_b 时分别求 $\cos\varphi = 1.0$ 和 $\cos\varphi = 0.8$ 时的互感器合成误差。

解：（1）$\cos\varphi = 1.0$，则 $\tan\varphi = 0$

$$e_h = \frac{1}{3}(-0.1-0.2-0.3) = -0.2\%$$

（2）$\cos\varphi = 0.8$，则 $\tan\varphi = 0.75$

$$e_h = -0.2 + 0.009\,7\times(10+5+5)\times 0.75 \approx -0.05\%$$

答：合成误差分别为 -0.2% 和 -0.05%。

Lb1D4097 一台单相电能表检定装置，等级为 0.2 级，已知在 100V、5A 量程其实装置输出功率值如下表，试计算该装置在 $\cos\varphi = 1.0$ 和 $\cos\varphi = 0.5$（L）时的输出功率稳定度。

$\cos\varphi=1.0$		$\cos\varphi=0.5$（L）	
1101.80	1101.90	549.60	546.29
1101.80	1101.91	549.59	546.27
1101.82	1101.95	549.62	546.24
1101.82	1101.89	549.64	546.27
1101.81	1101.76	549.58	546.29
1101.83	1101.78	547.22	546.30

cosφ=1.0		cosφ=0.5（L）	
1101.80	1101.74	546.29	546.26
1101.81	1101.73	546.27	546.26
1101.82	1101.72	546.24	546.29
1101.79	1101.71	546.27	546.30

解：装置输出功率稳定度

$$\gamma_P = \frac{4\cos\varphi\sqrt{\dfrac{1}{n-1}\sum_{i=1}^{n}(P_i - \overline{P})^2}}{\overline{P}} \times 100\%$$

当 $\cos\varphi=1.0$ 时

$$\gamma_P = \frac{4\times 1.0\times 0.064}{1101.809} \times 100\% = 0.023\%$$

当 $\cos\varphi=0.5$（L）时

$$\gamma_P(\%) = \frac{4\times 0.5\times 1.467}{547.154} \times 100\% = 0.536\%$$

答：装置输出功率稳定度分别为 0.02%和 0.54%。

Lb1D4098　某台单相电能表检验装置,已知其标准设备的实测误差如下，试计算该装置在 $\cos\varphi=0.5$ 时的系统误差。

（1）标准表 $\cos\varphi=0.5$（滞后）时，$\gamma_b=-0.2\%$。

（2）标准互感器 $f_I=-0.07\%$，$\alpha=5'$；$f_U=-0.08\%$，$\beta=10'$。

（3）标准表与被试表端子之间的电压降：$\varepsilon=0.03\%$，$\theta=3'$。

解：$\gamma=\gamma_b+\gamma_H+\gamma_d$

当 $\cos\varphi=0.5$ 时（滞后）

$$\gamma_H=f_I+f_U+0.029\ 1(\alpha-\beta)\tan\varphi=-0.40\%$$
$$\gamma_d=\varepsilon+0.029\ 1\times(-3)\tan60°=-0.18\%$$

所以 $\gamma=(-0.2-0.40-0.18)\%=-0.78\%$

答：$\cos\varphi=0.5$ 时的系统误差为-0.78%。

Lb1D5099 一只三相三线电能表接入 380/220V 三相四线制照明电路，各相负载分别为 P_U=4kW，P_V=2kW，P_W=4kW，该表抄录电量为 6000kW·h，试写出三相三线表接入三相四线电路的附加误差公式，并求出补退电量。

解：设电路 $I_U=I_W=\dfrac{4000}{220}$=18.2（A）

附加误差 $\gamma=\dfrac{-U_V I_N \cos(\dot{U}_V \widehat{\dot{I}}_N)}{P_U+P_V+P_W}$

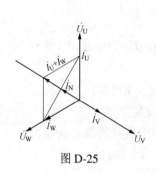

图 D-25

$I_V=\dfrac{2000}{220}$=9.1（A）

$\dot{U}_V \widehat{\dot{I}}_N=180°$

从画出的电压电流相量图（见图 D-25）看出 I_N=18.2−9.1=9.1A

将以上有关数据代入公式得

$\gamma=\dfrac{-220\times9.1\times\cos180°}{10\,000}=20\%$

因为多计，故应退电量

$\Delta W=6000\times\left(1-\dfrac{1}{1+20\%}\right)=1000$（kW·h）

答：应退补电量为 1000kW·h。

Lb1D5100 三相电能表标准装置中，标准电压互感器在 100V 和 220V 量程时的误差分别为 f_{u1}=0.03%，f_{u2}=0.04%，f_{u3}=0.02%；β_1=1.0′，β_2=0.08′，β_3=1.5′；f_{I1}=−0.02%，f_{I2}=−0.025%，f_{I3}=−0.035%；α_1=−1.2′，α_2=−1.6′，α_3=0.08′。标准表的误差 γ= 0.35%，试计算检定三相三线和三相四线有功电能表时，标准装置的综合误差。

解：（1）三相三线电路互感器合成误差为

$$\gamma_h=0.5(f_{u1}+f_{u3}+f_{I1}+f_{I3})-0.289[(f_{u1}-f_{u3})+(f_{I1}-f_{I3})]\tan\varphi$$

$$+0.008\,4[(\alpha_1-\beta_1)-(\alpha_3-\beta_3)]+0.014\,5[(\alpha_1-\beta_1)+(\alpha_3-\beta_3)]\tan\varphi$$

式中　f_{u1}，f_{I1}——接于电能表第一组元件的电压、电流互感器
　　　　　　　　　　　比差；

　　　β_1，α_1——接于电能表第一组元件的电压、电流互感器
　　　　　　　　　　　角差；

　　　f_{u3}，f_{I3}——接于电能表第二组元件的电压、电流互感器
　　　　　　　　　　　比差；

　　　β_3，α_3——接于电能表第二组元件的电压、电流互感器
　　　　　　　　　　　角差。

$\cos\varphi=1.0$ 时

$\gamma_h=0.5(f_{u1}+f_{u3}+f_{I1}+f_{I3})+0.008\,4[(\alpha_1-\beta_1)-(\alpha_3-\beta_3)]$（%）

　　$=0.5(0.03+0.02-0.02-0.035)$

　　　$+0.004[(-1.2'-1.0')-(0.08'-1.5')]$（%）

　　$=(-0.032\,5-0.003\,1)\%=-0.035\,6\%$

检定三相三线有功电能表时，标准装置的综合误差为

$$\gamma_{zh}=\gamma+\gamma_h=0.35\%+(-0.035\,6\%)=0.31\%$$

（2）三相四线电路互感器合成误差为

$$\gamma_h=\frac{1}{3}(f_{u1}+f_{u2}+f_{u3}+f_{I1}+f_{I2}+f_{I3})$$

$$+0.009\,7(\alpha_1-\beta_1+\alpha_2-\beta_2+\alpha_3-\beta_3)\tan\varphi（\%）$$

$\cos\varphi=1.0$ 时

$$\gamma_h=\frac{1}{3}(f_{u1}+f_{u2}+f_{u3}+f_{I1}+f_{I2}+f_{I3})（\%）$$

$$=\frac{1}{3}(0.03+0.04+0.02-0.02-0.025-0.035)（\%）=0.03\%$$

检定三相四线有功电能表时，标准装置的综合误差为

$$\gamma_{zh}=\gamma+\gamma_h=0.35\%+0.03\%=0.038\%$$

答：综合误差分别为 0.31% 和 0.038%。

Le3D5101 已知三相三线有功电能表接线错误，其接线方式为：一元件 U_{VW}、I_W，二元件 U_{UW}、$-I_U$，请写出两元件的功率表达式和总功率表达式，并计算出更正系数。

解：$P_U = U_{VW}I_W\cos(\overset{\frown}{\dot{U}_{VW}\ \dot{I}_W})$

$$P_W = U_{UW}I_U\cos[\overset{\frown}{\dot{U}_{UW}(-\dot{I}_V)}]$$

在对称的三相电路中

$$U_{UW} = U_{UW} = U_X \qquad I_U = I_W = I_X$$
$$P_\Sigma = P_U + P_W = U_X I_X[\cos(150°+\varphi) + \cos(150°+\varphi)]$$
$$= -2U_X I_X\cos(30°-\varphi)$$

更正系数

$$K = \frac{P_r}{P_e} = \frac{\sqrt{3}U_X I_X\cos\varphi}{-2U_X I_X\cos(30°-\varphi)} = -\frac{\sqrt{3}}{\sqrt{3}+\tan\varphi}$$

答：更正系数为 $-\dfrac{\sqrt{3}}{\sqrt{3}+\tan\varphi}$。

Le1D5102 接入电能表电压端钮相序为 v、u、w，且 w 相电流反接，画出相应的电气接线图和相量图，并计算更正系数。

解：其接线图和相量图如图 D-26 所示。其接线方式为 U_{vu}、I_u，U_{wu}、I_w。

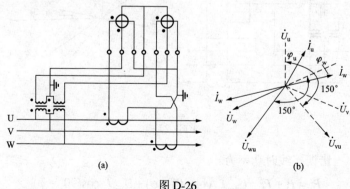

(a)   (b)

图 D-26

错误接线时功率为

$$P' = P'_1 + P'_2 = U_{vu}I_u \cos(150° - \varphi) + U_{wu}I_w \cos(150° - \varphi)$$
$$= -UI \cos(30° + \varphi) - UI \cos(30° + \varphi)$$
$$= -2UI \cos(30° + \varphi)$$

更正系数为

$$K = \frac{P}{P'} = \frac{\sqrt{3}UI \cos\varphi}{-2UI \cos(30° + \varphi)} = \frac{\sqrt{3} \cos\varphi}{-\sqrt{3} \cos\varphi + \sin\varphi} = \frac{\sqrt{3}}{\tan\varphi - \sqrt{3}}$$

答：更正系数为 $\dfrac{\sqrt{3}}{\tan\varphi - \sqrt{3}}$。

Le1D5103 接入电能表电压端钮相序为 v、w、u，w 相电流反向接入一元件，v 相电流反向接入第二元件，画出相应的电气接线图、相量图，并计算更正系数。

解：其接线图和相量图如图 D-27 所示。其接线方式为 U_{vw}、$-I_w$，U_{uw}、$-I_v$。

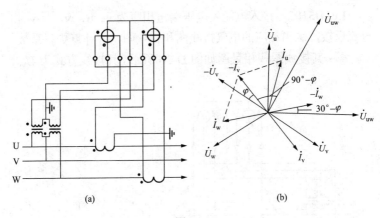

图 D-27

错误接线时功率为

$$P' = P'_1 + P'_2 = U_{vw}I_w \cos(30° - \varphi) + U_{uw}I_v \cos(90° - \varphi)$$

$$= UI\left(\frac{\sqrt{3}}{2}\cos\varphi + \frac{1}{2}\sin\varphi + \sin\varphi\right)$$

$$= \sqrt{3}UI\left(\frac{1}{2}\cos\varphi + \frac{\sqrt{3}}{2}\sin\varphi\right)$$

$$= \sqrt{3}UI\cos(60°-\varphi)$$

更正系数为

$$K = \frac{P}{P'} = \frac{\sqrt{3}UI\cos\varphi}{\sqrt{3}UI\cos(60°-\varphi)} = \frac{\cos\varphi}{\frac{1}{2}\cos\varphi + \frac{\sqrt{3}}{2}\sin\varphi} = \frac{2}{1+\sqrt{3}\tan\varphi}$$

答： 更正系数为 $\dfrac{2}{1+\sqrt{3}\tan\varphi}$。

Le1D5104 三相三线电路中，电压互感器星形接线，各试验数据如下表所示。

试验项目		误 差		试验项目		误 差		
电压互感器	U	f_{UU}=+0.1%	δ_{UU}=2′	电流互感器	I_b 时	U	f_{IU}=+0.2%	δ_{IU}=−2′
	V	f_{UV}=+0.1%	δ_{UV}=2′			W	f_{IW}=+0.3%	δ_{IW}=−2′
	W	f_{UW}=+0.1%	δ_{UW}=2′	电能表	I_b $\cos\varphi$=1.0 时		e_b=+0.6%	

在 I_b，$\cos\varphi=1.0$ 时，求

（1）互感器合成误差。

（2）计量装置综合误差。

解：（1）星形接线换算成线电压的比差和角差

$$f_{u1} = \frac{1}{2}(0.1+0.1) + 0.0084(2-2) = 0.1$$

$$\delta_{u1} = \frac{1}{2}(2+2) + 9.924(0.1-0.1) = 2$$

$$f_{u1} = \frac{1}{2}(0.1 + 0.1) + 0.008\,4(2 - 2) = 0.1$$

$$\delta_{u2} = \frac{1}{2}(2 + 2) + 9.924(0.1 - 0.1) = 2$$

$\cos\varphi = 1.0$，则 $\tan\varphi = 0$

则 $e_h = 0.5 \times (0.1 + 0.1 + 0.2 + 0.3) + 0.008\,4 \times (-4 + 4) = 0.35\%$

（2）$e = e_b + e_h = 0.6 + 0.35 = 0.95\%$

答：互感器合成误差为 0.35%，计量装置综合误差为 0.95%。

4.1.5　绘图题

La5E1001　绘出单相自耦调压器接线图（输入 220V，输出 0～250V 可调）。

答：见图 E-1。

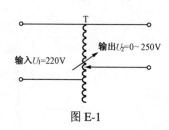

图 E-1

La5E1002　Z_1、Z_2、Z_3 为复阻抗，将它们分别连接成：

（1）Z_2 与 Z_3 串联后再与 Z_1 并联的电路。

（2）Z_2 与 Z_3 并联后再与 Z_1 串联的电路。

答：所连电路见图 E-2。

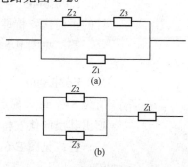

图 E-2

（a）先串联后并联；　（b）先并联后串联

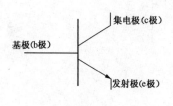

图 E-3

La4E1003　画出 NPN 型晶体三极管的图形符号，并标明各管脚的名称。

答：见图 E-3。

La3E3004　有电源变压器

T（220V/12V）一只，参数相同的整流二极管 V 两只，稳压管 W、滤波电容器 C、限流电阻器 R 和电阻器 R1 各一只，将它们接成全波整流直流稳压电路。

答：见图 E-4。

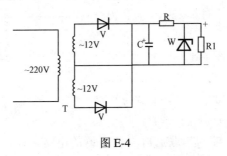

图 E-4

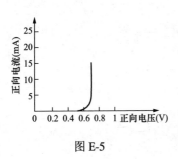

图 E-5

La3E3005 画出硅晶体二极管的正向伏安特性图。

答：见图 E-5。

La3E3006 一稳压管的稳压值为 8V、最大稳定电流为 15mA，画出其反向伏安特性图。

答：见图 E-6。

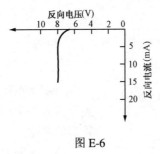

图 E-6

La2E2007 （1）已知一电路的逻辑关系为 Y=A·B·C，

画出其逻辑符号图。

（2）已知一电路的逻辑关系为 $Y=\overline{A \cdot B \cdot C}$ 画出其逻辑符号图。

答：见图 E-7。

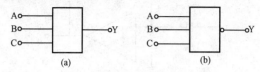

图 E-7

（a）$Y=A \cdot B \cdot C$；（b）$Y=\overline{A \cdot B \cdot C}$

La2E2008　（1）已知一电路的逻辑关系为 $Y=A+B+C$，画出其逻辑符号图。

（2）已知一电路的逻辑关系为 $Y=\overline{A+B+C}$，画出其逻辑符号图。

答：见图 E-8。

La2E4009　用运算放大器、电阻器 R、电容器 C 各一只连接成一积分电路。

答：见图 E-9。

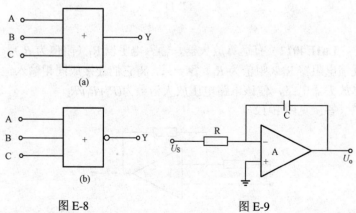

图 E-8　　　　　　　图 E-9

（a）$Y=A+B+C$；（b）$Y=\overline{A+B+C}$

La2E4010　用运算放大器、电阻器 R、电容器 C 各一只连接成一微分电路。

答：见图 E-10。

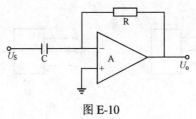

图 E-10

La1E4011　有运算放大器、输入电阻器 R_I（阻值为 R_i）、反馈电阻器 R_F（阻值为 R_f）各一只，将它们连接成反相输入电压并联负反馈的运算放大器电路，使 $U_o/U_S=-(R_f/R_i)$，其中 U_o 为电路的输出电压，U_S 为电路的输入电压。

答：见图 E-11。

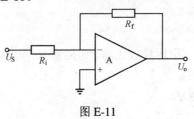

图 E-11

La1E4012　有运算放大器、输入电阻器 R_I（阻值为 R_i）、反馈电阻器 R_F（阻值为 R_f）各一只，将它们连接成同相输入运算放大器电路，使该电路电压放大倍数为 $(R_i+R_f)/R_i$。

答：见图 E-12。

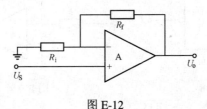

图 E-12

Lb5E1013 绘出电能表检定装置中升压器的原理接线图。已知升压器一次侧电压抽头为 200、220、264V；二次侧电压抽头为 75、150、300、450V。

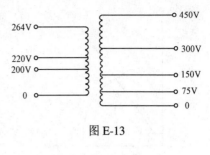

图 E-13

答：见图 E-13。

Lb5E1014 绘出电能表检定装置中升流器的原理接线图。已知升流器一次侧 220V。二次侧 3V（50A），5V（25A），7.5V（10A），10V（5A），20V（2.5A），50V（1A），100V（0.5A），150V（0.25A），220V（0.1A）。

答：见图 E-14 所示。

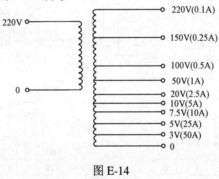

图 E-14

Lb5E2015 绘出单相电能表在感性负载时的条件相量图并注明图中各符号的意义及功率表达式。条件是 $\psi=90°-\varphi$。

答：（1）相量图见图 E-15。

（2）功率表达式为 $P=UI\cos\varphi$。

Lb5E3016 分析图 E-16 所示单相有功电能表几种错误接线会产生什么后果或现象。

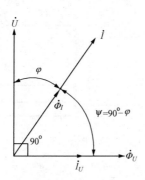

图 E-15

$\dot{U}$ —电压线圈上之电压；$\dot{I}$ —负载电流；

$\dot{\Phi}_I$ —电流工作磁通；$\dot{\Phi}_U$ —电压工作磁通；

φ —负载功率因数角；ψ —$\dot{\Phi}_I$ 与 $\dot{\Phi}_U$ 之相角差；

$90° - \dot{\Phi}_U$ 与 $\dot{U}$ 之相角差

答：见图 E-16。

（1）图（a）会产生漏计电量。

（2）图（b）会使电能表反转。

（3）图（c）会使电源短路，烧坏电能表。

（4）图（d）会使电能表不转。

（5）图（e）容易产生潜动，因电压线圈的激磁电流通过了电流线圈。

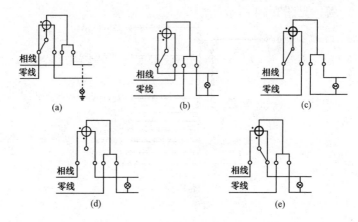

图 E-16

Lb4E1017 绘出低压三相三线有功电能表经电流互感器的电压线和电流线共用方式的接线图（注：电能表端钮盒内的电压线与电流线的连接片不拆）。

答：见图 E-17。

Lb4E1018 绘出低压三相三线有功电能表直接接入方式

的接线图。

答：见图 E-18。

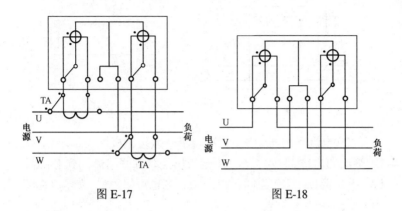

图 E-17   图 E-18

Lb4E2019　设三相负荷平衡，分析图 E-19 所示三相四线有功电能表错误接线对计量会产生什么后果。

答：图 E-19 所示接线会产生 U 相与 V 相电压断路，计量功率为 $U_{ph}I_{ph}\cos\varphi$，少计 2/3 电能量。

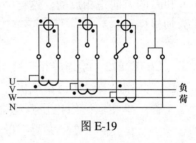

图 E-19

Lb4E2020　设三相负荷平衡，分析图 E-20 所示三相四线有功电能表错误接线对计量会产生什么后果。

答：图 E-20 所示接线会产生 U、V、W 三相无电压，计量功率为零，表不转。

Lb4E2021　绘出电流互感器一次、二次端子标志图并作简要说明何谓减极性、加极性。

答：（1）电流互感器一次、二次端子标志图见图 E-21。

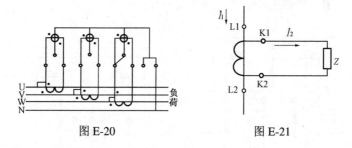

图 E-20　　　　　　　　　　图 E-21

（2）电流互感器一次、二次端子一般按减极性表示，即 $\dot{i}_1$ 从 L1 端流向 L2 端时，$\dot{i}_2$ 从 K1 端流出经外部回路流回到 K2 端，L1、K1 或 L2、K2 为同名端，同名端也可用"*"表示，在绘图中还可用"·"表示。

从电流互感器一次绕组和二次绕组的同名端子来看，电流 $\dot{i}_1$ 和 $\dot{i}_2$ 的方向是相反的，这样的极性关系称为减极性，反之称为加极性。

Lb4E2022　绘出单相双绕组电压互感器一次、二次端子标志图，并作简要说明何谓减极性、加极性。

答：单相双绕组电压互感器一次、二次端子标志图见图

图 E-22

E-22。大写字母 U、X 表示一次绕组出线端子，小写 u、x 表示二次出线端子。电压互感器极性是表明一次绕组和二次绕组在同一瞬间的感应电动势方向相同还是相反。相同者叫作减极性，如图 E-22 中标志。相反者叫作加极性。

Lb4E3023　已知一电流互感器的变流比为 1，该电流互感器一次绕组的等值漏阻抗为 Z_1，二次绕组的等值漏阻抗为 Z_2，描述励磁电流使铁芯磁化过程用等值阻抗 Z_0 表示，画出该电流互感器二次负载阻抗为 Z 时的 T 形等值电路图。

答：见图 E-23。

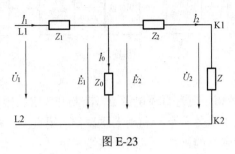

图 E-23

Lb4E3024 绘出下列两种电压互感器接线图（二次侧不接负载）。

（1）两台单相电压互感器按 Vv12 接线。

（2）三台单相三绕组电压互感器按 Yyn12、开口三角组接线。

答：见图 E-24。

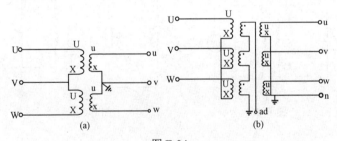

图 E-24

（a）两台单相电压互感器按 Vv12 接线；

（b）三台单相三绕组电压互感器按 Yyn12、开口三角组接线

Lb4E3025 画出时间分割乘法型电子式多功能电能表原理框图（五个方框）。

答：见图 E-25。

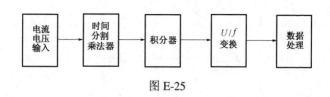

图 E-25

Lb4E3026 现有直流电源 *E*、控制开关 K、限流电阻 R、直流电流表 PA 各一个,利用上述设备,用直流法检查单相双绕组电流互感器的极性,试画出接线图。

答:见图 E-26。

Lb4E3027 现有直流电源 *E*、控制开关 K、可变电阻 R、直流电压表 PV 各一个,利用上述设备,用直流法检查单相双绕组电压互感器的极性,试画出接线图。

答:见图 E-27。

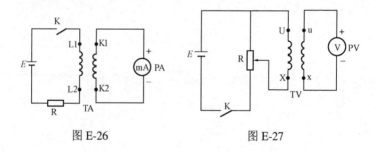

图 E-26　　　　　　　　图 E-27

Lb4E4028 图 E-28 是一台电工型单相电能表检定装置的典型线路图,现要求按图中部件编号,写出各部件的名称。

答:见图 E-28。

Lb3E2029 绘出互感器工频耐压试验原理接线图。

答:见图 E-29。

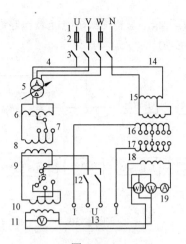

图 E-28

1—电源；2—熔断器；3—总开关；4—电压回路；5—感应型移相器；6—调压器；

7—潜动试验开关；8—升压器；9—电压选择开关；10—标准电压互感器；

11—电压表；12—电压开关；13—输出端子；14—电流回路；15—调压器；

16—升流器；17—电流选择开关；18—标准电流互感器；

19—电流表、功率表、标准电能表

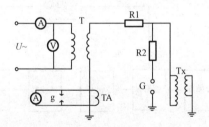

图 E-29

T—试验变压器；R1—限流电阻；R2—阻尼电阻；G—保护间隙；

Tx—被试互感器；TA—电流互感器

Lb3E2030 已知一电压互感器的变流比为 1，该电压互感器一次绕组的等值漏阻抗为 Z_1，二次绕组的等值漏阻抗为 Z_2，描述励磁电流使铁芯磁化过程用等值阻抗 Z_0 表示，画出该电压互感器当其二次负载阻抗为 Z 时的 T 形等值电路图。

答：见图 E-23。

Lb3E3031 画出电子式三相电能表检定装置的原理框图。

答：见图 E-30。

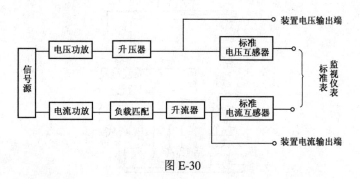

图 E-30

Lb3E3032 在电子型电能表检定装置中,常用锁相分频电路来获得高精度的程控输出频率,试画出其原理接线图。

答：见图 E-31。

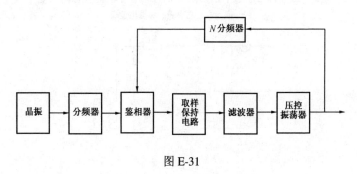

图 E-31

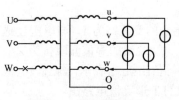

图 E-32　断线接线图

Lb3E4033 图 E-32 中×为断线处,要求填写该处断线时表 E-1 中的电压值,假定有功表电压线圈阻抗与无功表的相同。

答：见图 E-32,填入电压

值，见表 E-1。

表 E-1   **图 E-32×处断线时的电压值**

电压互感器二次线电压（V）									备 注
二次空载时			二次接一块有功表			二次接一块有功表和一块无功表			
U_{uv}	U_{vw}	U_{wu}	U_{uv}	U_{vw}	U_{wu}	U_{uv}	U_{vw}	U_{wu}	
100	$\dfrac{100}{\sqrt{3}}$	$\dfrac{100}{\sqrt{3}}$	100	$\dfrac{100}{\sqrt{3}}$	$\dfrac{100}{\sqrt{3}}$	100	$\dfrac{100}{\sqrt{3}}$	$\dfrac{100}{\sqrt{3}}$	假定有功表电压线圈阻抗与无功表的相同

Lb3E4034 图 E-33 中×为断线处，要求填写该处断线时表 E-2 中的电压值，假定有功表电压线圈阻抗与无功表的相同。

答：见图 E-33，填入电压值，见表 E-2。

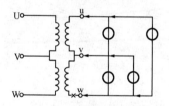

图 E-33   断线接线图

表 E-2   **图 E-33×处断线时的电压值**

电压互感器二次线电压（V）									备 注
二次空载时			二次接一块有功表			二次接一块有功表和一块无功表			
U_{uv}	U_{vw}	U_{wu}	U_{uv}	U_{vw}	U_{wu}	U_{uv}	U_{vw}	U_{wu}	
100	0	0	100	0	100	100	33	67	假定有功表电压线圈阻抗与无功表的相同

Lb3E4035 一电流互感器变比为 1，T 形等值电路如图 E-34（a）所示，以 $\dot{I}_2$ 为参考量画出其相量图。

答：见图 E-34（b）。

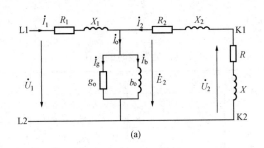

(a)

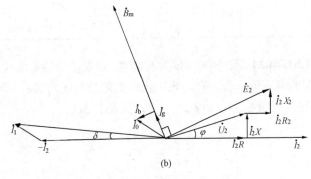

(b)

图 E-34

Lb3E4036 根据三相三线有功电能表的错误接线［见图 E-35（a）］，绘出其感性负载时的相量图，并写出功率表达。

答： 相量图见图 E-35（b）。

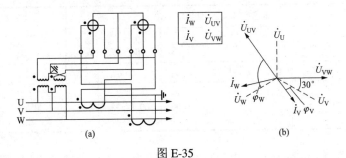

图 E-35

功率表达式为

$$P_1 = U_{UV}I_W\cos(90° - \varphi_c)$$
$$P_2 = U_{VW}I_V\cos(30° + \varphi_b)$$
$$P = P_1 + P_2$$
$$= UI\left(\frac{\sqrt{3}}{2}\cos\varphi + \frac{1}{2}\sin\varphi\right)$$

Lb3E4037 绘出三相三线有功电能表在三相电压和电流都对称且为感性负载时的相量图，并注明图中符号的意义及功率表达式。

答：相量图见图 E-36。

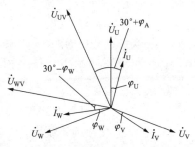

图 E-36

$\dot{U}_U$、$\dot{U}_V$、$\dot{U}_W$ —相电压；$\dot{U}_{UV}$、$\dot{U}_{WV}$ —线电压，即分别为第一、第二元件电压线圈上之电压；$\dot{i}_U$、$\dot{i}_V$、$\dot{i}_W$ —相电流，$\dot{i}_U$、$\dot{i}_W$ 分别为第一、第二元件电流线圈中之电流；φ_U、φ_V、φ_W —负载功率因数角；$30° + \varphi_U$ —$\dot{i}_U$ 与 $\dot{U}_{UV}$ 之间相角差；$30° - \varphi_W$ —$\dot{i}_W$ 与 $\dot{U}_{WV}$ 之间相角差

功率表达式为

$$P = U_{UV}I_U\cos(30° + \varphi_U) + U_{WV}I_W\cos(30° - \varphi_W)$$

Lb2E3038 绘出比较仪式互感器校验仪（如 HEG2 型）的原理线路图并作简要说明。

答：原理线路图见图 E-37。比较仪式互感器校验仪（如 HEG2 型）的工作原理是以工作电压下通过电流比较仪测小电流为基础，测量互感器的误差。

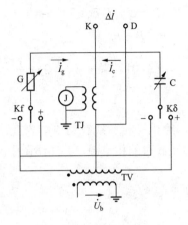

图 E-37

TJ—比较仪绕组；TV—校验仪电源、电压互感器；G—电导箱；C—电容箱；

J—检流计；Kf—同相盘极性开关；Kδ—正交盘极性开关

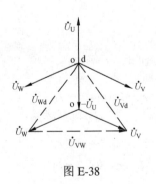

图 E-38

Lb2E3039　画出中性点非直接接地系统中，当单相（U 相）接地时，其电压相量图。

答：见图 E-38。

Lb2E3040　在电工型三相电能表检定装置电源侧，一般装有三台交流电子稳压器，接于相电压上稳定电压，要想得到较好的电压波形和稳定电压相位，应在稳压器输出侧接三台单相三绕组隔离变压器按 YNzn 连接，作为检定装置的供电电源，为此要求绘出三台单相三绕组隔离变压器按 YNzn 连接的接线图。

答：见图 E-39。

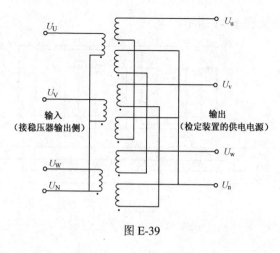

图 E-39

Lb2E3041 绘出接入中性点非有效接地的高压线路的三相三线的有功计量装置接线图（宜采用两台单相电压互感器，且按 Vv12 形接线）。

答： 见图 E-40。

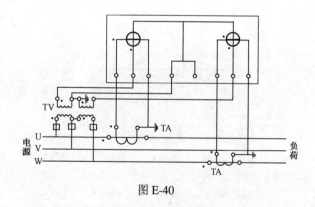

图 E-40

Lb2E4042 绘出低压三相四线有功电能表经电流互感器的电压线和电流线分开方式的接线图（电能表端钮盒内的电压线与电流线的连接片拆掉）。

答：见图 E-41 所示。

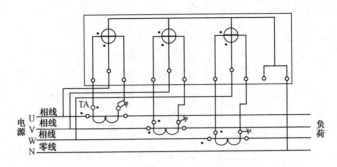

图 E-41

Lb2E4043 绘出三相三线有功电能表在逆相序和三相电压电流都对称且为感性负载时的相量图，并注明图中各符号的意义及功率表达式。

答：相量图见图 E-42。

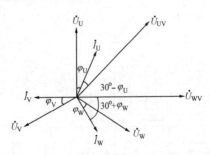

图 E-42

$\dot{U}_U$、$\dot{U}_V$、$\dot{U}_W$—相电压；$\dot{U}_{UV}$、$\dot{U}_{WV}$—线电压，即分别为第一、第二元件电压线圈上之电压；$\dot{I}_U$、$\dot{I}_V$、$\dot{I}_W$—相电流，$\dot{I}_U$、$\dot{I}_W$ 分别为第一、第二元件电流线圈中之电流；φ_U、φ_V、φ_W—负载功率因数角；$30°-\varphi_U$—$\dot{I}_U$ 与 $\dot{U}_{UV}$ 之间相角差；$30°+\varphi_W$—$\dot{I}_W$ 与 $\dot{U}_{WV}$ 之相角差

功率表达式为

$$P = U_{UV}I_U\cos(30°-\varphi_U) + U_{WV}I_W\cos(30°+\varphi_W)$$

Lb2E4044 根据三相三线有功电能表的错误接线［见图 E-43（a）］绘出其感性负载时的相量图，并写出功率表达式。

答： 相量图见图 E-43（b）。

功率表达式为

$$P_1 = I_u U_{uv} \cos(30° + \varphi_u)$$
$$P_2 = I_w U_{wv} \cos(150° + \varphi_w)$$
$$P = P_1 + P_2 = -UI\sin\varphi$$

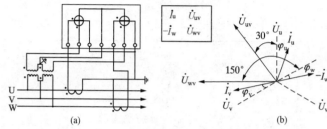

图 E-43

Lb2E4045 根据三相三线有功电能表的错误接线［见图 E-44（a）］，绘出其感性负载时的相量图，并写出功率表达式。

答： 相量图见图 E-44（b）所示。

功率表达式为

$$P_1 = I_u U_{wv} \cos(90° + \varphi_u)$$
$$P_2 = I_w U_{uv} \cos(90° - \varphi_w)$$
$$P = P_1 + P_2 = 0$$

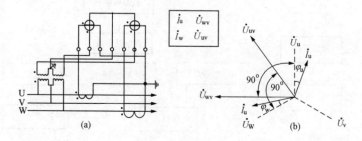

图 E-44

Lb2E5046 有一电压互感器变比为 1，T 形等值电路如图 E-45（a）所示，以 U_2 为参考量画出其相量图。

答：见图 E-45（b）。

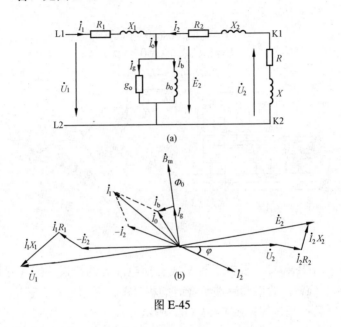

图 E-45

Lb1E3047 请画出电能表现场校验仪原理框图。

答：见图 E-46。

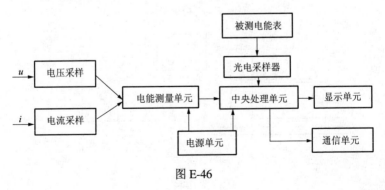

图 E-46

Lb1E3048 请画出数字乘法器型电子式电能表工作原理图。

答:见图 E-47。

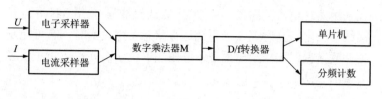

图 E-47

Lb1E3049 在电工型三相电能表检定装置电源侧,一般装有三台交流电子稳压器,接于相电压稳定电压,要想得到较好电压波形和稳定电压相位,应在稳压器输出侧接三台单相三绕组隔离变压器,按 YNzn 或 ZNd 连接,作为检定装置的供电电源。若想进一步改善其输出波形,可在隔离变压器的每相输出端加装选频滤波电路,为此要求绘出用于改善输出电压波形的选频滤波电路原理接线图并作简要说明。

答:接线图见图 E-48。选频滤波电路由电感元件 L3、L5、L7 和电容元件 C3、C5、C7 组成三个串联谐振回路,其谐振频率分别为 150、250、350Hz,把 3、5、7 次谐波电流短路。对 50Hz 的基波电流来说,各串联谐振电路都呈容性,如果等值容抗较小需用电感元件 L 的感抗与它产生并联谐振,对基波电流呈现很大阻抗,这样可使输出电压波形畸变系数不大于 1%。

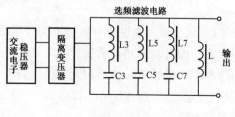

图 E-48

Lb1E3050 根据 DL/T 448—2000《电能计量装置技术管理规程》规定:"接入中性点非有效接地的高压线路的计量装置,宜采用两台电压互感器,且按 Vv 方式接线"。采用 YNyn 方式接线三相电压互感器,当系统运行状态发生突变时,有可能发生并联谐振,要求绘出原理示意图加以说明,并叙述防止铁芯谐振的方法。

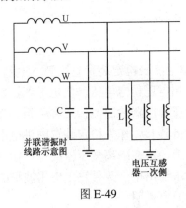

并联谐振时线路示意图

电压互感器一次侧

图 E-49

答:并联谐振时线路示意图见图 E-49。对于电力系统中的电压互感器,在高压中性点不接地系统中线路对地电容与中性点接地的电压互感器并联。当系统运行状态发生突变时,有可能发生并联谐振。由于铁芯的饱和现象,谐振电压不会太高;但在发生分频谐振时,由于频率低,铁芯磁密度很高,可能产生很大的激磁电流,而烧坏互感器。防止铁芯谐振的方法有:

(1)在设计中降低铁芯的磁密,改善互感器的伏安特性。

(2)调整线路参数中 C 与 L 的配合。

(3)最有效和最常用的是在电压互感器开口三角端子上或在一次线圈中性点接入适当的阻尼电阻。

Lb1E5051 绘出接入中性点有效接地的高压线路(相当于构成三相四线制)的有功无功计量装置(应采用三相四线制有功电能表与跨相 90° 接线三元件三相无功电能表)接线图(应采用三台单相电压互感器按 YNyn12 接线)。

答:见图 E-50。

226

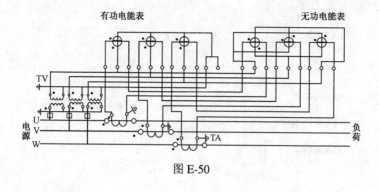

图 E-50

Lb1E5052 测量平面的横轴表示电流相量 i ，瞬时的电压相量用来表示当前电能的输送，并相对于电流相量 i 具有相位角 φ 。逆时针方向 φ 角为正，画出四象限示意图。

答：见图 E-51。

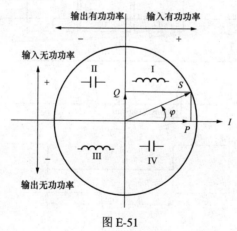

图 E-51

Lb1E5053 画出电容式互感器原理图。

答：见图 E-52。

Lb1E5054 请画出电压降落和短时中断影响的试验电压波形。

答：见图 E-53。

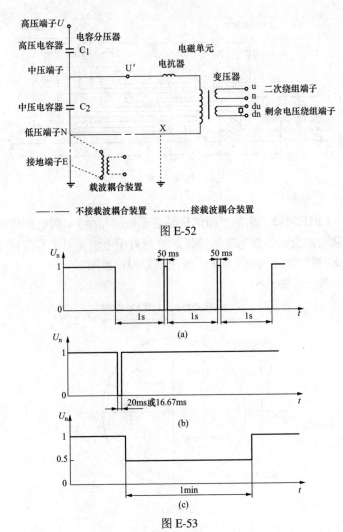

图 E-52

图 E-53

(a) 电压中断为 $\Delta U=100\%$，1s；(b) 电压中断为 $\Delta U=100\%$，20ms；(c) 电压中断为 $\Delta U=50\%$

Le1E5055 请画出电能表本地通信帧格式结构图

答：见图 E-54。

Le1E5056 请画出远方抄表系统原理框图。

答：见图 E-55。

说　明	代　码
帧起始符	68H
地址域	A0
	A1
	A2
	A3
	A4
	A5
帧起始符	68H
控制码	C
数据长度域	L
数据域	DATA
校验码	CS
结束符	16H

图 E-54

图 E-55

Le1E5057 画出付费系统的通用实体模型。

答：见图 E-56。

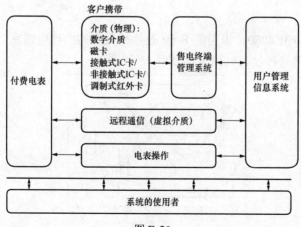

图 E-56

Lc5E2058　图 E-57 是游标卡尺的实物图，按图中部件编号写出各部件的名称。

答：见图 E-57。

Lc5E3059　识别图 E-58 是哪种仪表的实物图，并按图中部件编号写出各部件的名称。

答：图 E-58 所示为钳形电流表。

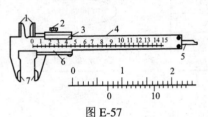

图 E-57

1—内量尺；2—固定螺钉；3—尺框；
4—尺身；5—测深尺；6—游标；7—外量尺

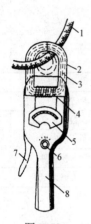

图 E-58

1—被测导线；2—铁芯；3—磁通；
4—绕组；5—电流表；6—量程旋钮；
7—扳手；8—手柄

Lc3E4060　识别图 E-59 是哪种仪表的原理电路图，并简述使用这种仪表时的注意事项。

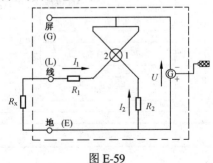

图 E-59

答：图 E-59 所示是测定绝缘电阻用的绝缘电阻表，俗称摇表，使用时注意事项有：

（1）检查被测设备的电源确已断开，被测设备已放电、已无残余电荷。

（2）将接线端钮 L 和 E 开路，摇动手柄至规定转速，此时指针应指在"∞"处，再将 L 与 E 短接，轻摇手柄，指针应在"0"处，这说明绝缘电阻表是好的。

（3）将被测设备接在端钮 L 和 E 间即可，当测设备对外壳的绝缘电阻时，就将端钮 E 接到外壳；测瓷绝缘子的绝缘，如表面受潮受污，为去除表面泄漏影响，可在绝缘子表面用裸线绕一短路匝，并接在 G 端钮上。

（4）均匀速度摇动手柄，使转速接近 120r/min。指针稳定后读数。

（5）禁止在雷电时或有其他感应电产生可能时测设备的绝缘。

（6）在测电容器、电缆等大电容设备的绝缘电阻后，一定要将被测设备放电。

Lc2E3061 绘出电能表量值传递的检定系统方框图。

答：见图 E-60。

Jd5E2062 绘出采用低功率因数功率表直接测量电能表的电压线圈功率消耗的接线图。

答：见图 E-61。

Je5E1063 绘出单相电能表一进一出直接接入方式的接线图。

答：见图 E-62。

Je5E2064 绘出单相电能表经电流互感器的电压线和电流线共用方式的接线图（电能表端钮盒内电压线与电流线的连接片不拆）。

答：见图 E-63。

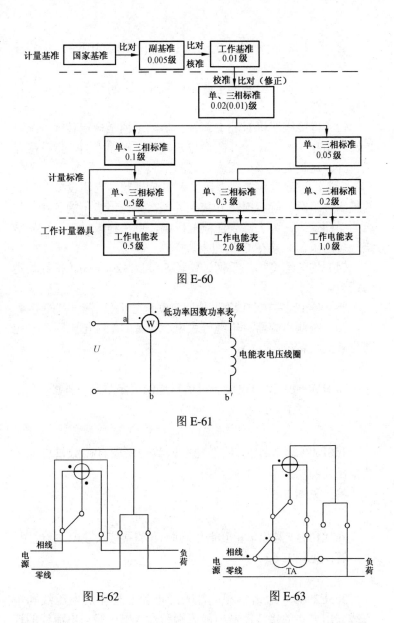

图 E-60

图 E-61

图 E-62　　　　　图 E-63

Je5E3065　绘出用"比较法（与已知极性的标准电流互感器进行比较）"检查电流互感器极性的试验接线图，并作简要说明（如何判断加极性和减极性）。

答：E-64 所示为电流互感器极性试验图。TA$_o$ 极性已知，接入电流后，如电流表读数很小，接近等于零，则 TA$_x$ 为图中标志的减极性。如电流表读数很大，最大等于 $(I_{20}+I_{2x})$，则 TA$_x$ 为加极性。

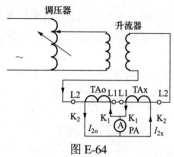

图 E-64

TA$_o$—标准电流互感器；TA$_x$—被检电流互感器；PA—电流表

Je5E3066 绘出电流互感器不完全星形（V）与星形（Y）两种接线图，并将一次、二次电流的流向标出来（电流互感器二次侧负载只接电流表）。

答：见图 E-65。

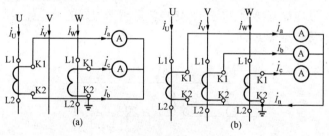

图 E-65

（a）不完全星形（V）接线；（b）星形（Y）接线

Je5E5067 绘出做电流互感器"电流表、电压表法退磁"试验的接线图。

答：见图 E-66。

Je4E2068 绘出检定单相有功电能表的接线图（执行 JJG 307—2006《机电式交流电能表》）。

答：见图 E-67。当用标准电能表法检定时，监视功率因数的功率表或相位表与 PW 的接线图相同（图中略）。

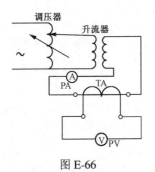

图 E-66

PA—电流表；PV—高输入阻抗电压表；
TA—被试电流互感器

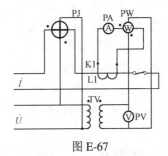

图 E-67

PJ—被检电能表；PA—电流表；PV—电压表；
TV—标准电压互感器；I—电流回路；
U—电压回路；PW—标准功率表或标准电能表

Je4E3069　绘出用 HEG 型比较仪式互感器校验仪与一般的标准电流互感器在室内检定电流互感器误差的检定接线图。

答：见图 E-68。

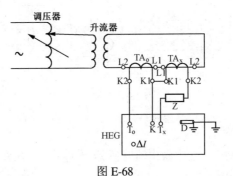

图 E-68

TA$_o$—标准互感器；TA$_x$—被检互感器；Z—电流负荷箱

Je4E3070　绘出用 HEG 型比较仪式互感器校验仪测量阻抗的接线图。

答：见图 E-69。

Je4E3071 绘出用 HEG 型比较仪式互感器校验仪测量导纳的接线图。

答：见图 E-70。

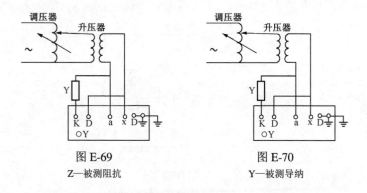

图 E-69
Z—被测阻抗

图 E-70
Y—被测导纳

Je4E4072 绘出用 HES 型电位差式互感器校验仪在变电所测定电压互感器二次导线压降的接线图。

答：见图 E-71。

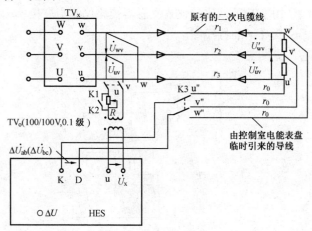

图 E-71

Je4E4073 当电流互感器变比为 1 时，可以不用标准器而直接将二次电流与一次电流进行比较，即以一次电流为标准检定二次电流，这称为自校，现要求绘出 HEG 型比较仪式互感器校验仪对电流互感器进行自校的接线图（执行 JJG 313—1994《测量用电流互感器检定规程》）。

答：见图 E-72。

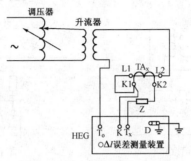

图 E-72

TA_x—被检互感器；Z—电流负荷箱

Je4E5074 在室内检定电压互感器时，标准与被试电压互感器的二次负荷应符合规程的规定，因此应定期进行测定，现要求绘出用 HEG 型比较仪式互感器校验仪测定被检单相电压互感器二次导纳的接线图。

答：见图 E-73。

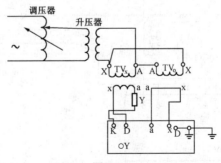

图 E-73

Y—被检电压互感器二次负荷；TVo—标准电压互感器；TVx—被检电压互感器

Je3E4075 绘出用电流表、电压表、单相功率因数表在不停电情况下测量按 Yyn12 接线的三相电压互感器或三相电压互感器组各相实际二次负载的测量接线图（以 U 相为例）。

答：见图 E-74，图中示出不停电测量三相电压互感器 U 相实际二次负载接线。

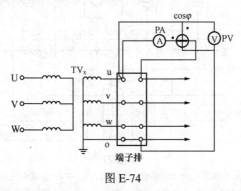

图 E-74

TV$_x$—三相电压互感器；PA—电流表；PV—电压表；cosφ—功率因数表

Je2E2076 绘出交流电能表检定装置输出电压波形失真度测试线路图。

答：见图 E-75。

Je2E2077 绘出交流电能表检定装置输出电流波形失真度测试线路图。

答：见图 E-76。

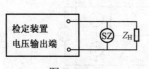

图 E-75

SZ—失真度测试仪；Z$_H$—负载

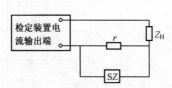

图 E-76

r—取样电阻（r 应为低阻值无感电阻）；
Z$_H$—负载；SZ—失真度测试仪

Je2E4078　绘出用三只单相标准表测定三相三线有功电能表三相误差的接线图。

答：见图 E-77。当用标准电能表法检定时，监视功率因数的功率表或相位表与 PW 的接线图相同（图中略）。

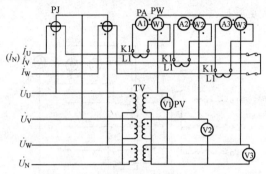

图 E-77

PJ—被检电能表；PA—电流表；PV—电压表；TV—标准电压互感器；
I—电流回路；U—电压回路；PW—标准功率表或标准电能表

Je2E4079　绘出检定三相三线有功电能表分组误差的接线图（执行 JJG 307—2006《机电式交流电能表》）。

答：见图 E-78。当用标准电能表法检定时，监视功率因数的功率表或相位表与 PW 的接线图相同（图中略）。

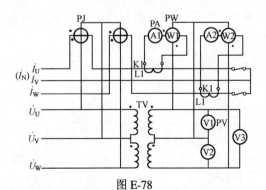

图 E-78

PJ—被检电能表；PA—电流表；PV—电压表；TV—标准电压互感器；
I—电流回路；U—电压回路；PW—标准功率表或标准电能表

Je2E4080 绘出低压三相四线有功电能表与带有附加串联线圈三相四线无功电能表经电流互感器接入方式的联合接线图。

答：见图 E-79。

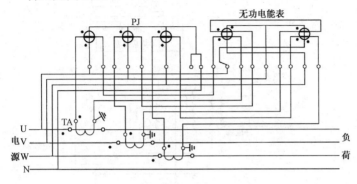

图 E-79

Je2E5081 绘出 JJG 314—1994《测量用电压互感器检定规程》规定的用互感器误差测量装置与一般的标准电压互感器检定单相电压互感器误差两种检定接线图［图（a）从低电位端取出差压进行误差检定，图（b）从高电位端取出差压进行误差检定］中任一种。

答：见图 E-80。

Je2E5082 绘出用三台单相标准电压互感器按 YNd11 连接组接线检定内相角为 60°的三相三线无功电能表的接线图（执行 JJG 307—2006《机电式交流电能表》）。

答：见图 E-81。

Je1E3083 绘出电工型三相电能表检定装置中"用线电压补偿相电压的相位"的相位补偿器的接线图（a）及其相量图（b）（只绘用线电压 $\dot{U}_{UV}$ 补偿相电压 $\dot{U}_W$ 相位），并简要说明调节功能。

答：见图 E-82。

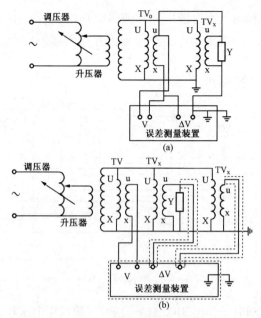

图 E-80

TV—供电电压互感器；V—误差测量装置的供电电压；TV_o—标准电压互感器；
ΔV—标准电压互感器和被检电压互感器的差电压；TV_x—被检电压互感器；
Y—被检电压互感器的二次导纳（电压负荷箱）

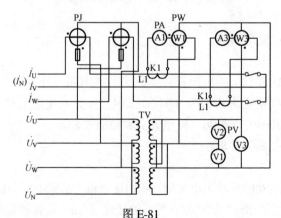

图 E-81

PJ—被检电能表；PA—电流表；PV—电压表；TV—标准电压互感器；I—电流回路；
U—电压回路；PW—标准功率表或标准电能表，当用标准电能表法检定时，
监视功率因数的功率表或相位表与 PW 的接线图相同（图中略）

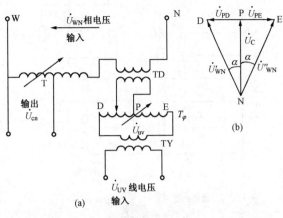

图 E-82

T—自耦调压器（调节输出电压）；T_φ—自耦调压器（调节相位）；TD—隔离变压器；

TY—降压变压器；$\dot{U}_{UV}$—电源线电压（输入）；$\dot{U}_{WN}$—电源相电压（输入）；

$\dot{U}_{WN}$—输出相电压；P—T_φ的中点

若以 B 相电压相位作为参考相，调节 T_φ 的电刷沿绕组的 PE 和 PD 段移动，就能调节 W 相电压与 V 相电压相位差在 $120° \pm 1°$ 以内。

Je1E5084 现场三相电压互感器或"三相电压互感器组"的二次负载一般都是三角形连接［见图 E-83（a）］，其每相实际二次负载导纳不能直接测量出来，而是在停电情况下，将二次负载与电压互感器二次侧连接处断开，用互感器校验仪测出：$Y_1=Y_{uv}+Y_{wv}$，$Y_2=Y_{vw}+Y_{uv}$，$Y_3=Y_{wu}+Y_{vw}$。再根据有关公式计算出每相实际二次负载值。

现要求绘出用 HEG 型比较仪式互感器校验仪测量 Y_1、Y_2、Y_3 的测量接线图，见图 E-83（b）～（e）。三相电压互感器或三相电压互感器二次负载三角形连接图见图 E-83（a）。

答：见图 E-83。

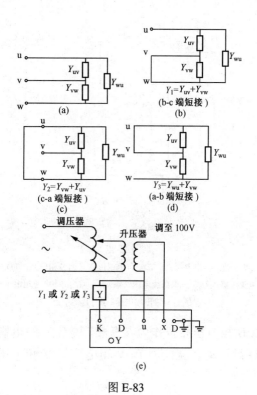

图 E-83

4.1.6 论述题

La1F5001 测量中可能导致不确定度的来源一般有哪些？

答：（1）被测量的定义不完整。

（2）复现被测量的测量方法不理想。

（3）取样的代表性不够，即被测样本不能代表所定义的被测量。

（4）对测量过程受环境影响的认识不恰如其分或对环境的测量与控制不完善。

（5）对模拟式仪器的读数存在人为偏移。

（6）测量仪器的计量性能（如灵敏度、鉴别力、分辨力、死区及稳定性等）的局限性。

（7）测量标准或标准物质的不确定度。

（8）引用的数据或其他参量的不确定度。

（9）测量方法和测量程序的近似和假设。

（10）在相同条件下被测量在重复观测中的变化。

La1F5002 获得 B 类标准不确定度的信息来源一般有哪些？

答：（1）以前的观测数据。

（2）对有关技术资料和测量仪器特性的了解和经验。

（3）生产部门提供的技术说明文件。

（4）校准证书、检定证书或其他文件提供的数据、准确度的等级或级别，包括目前暂在使用的极限误差等。

（5）手册或某些资料给出的参考数据及其不确定度。

规定实验方法的国家标准或类似技术文件中给出的重复性限 r 或复现性限 R。

La1F5003 为什么多次独立测量的算术平均值比单次测量值精度高？是否可以尽量多地增加测量次数来提高测量精度？

答：算数平均值的标准差 $\sigma_1 = \sigma/\sqrt{n}$，其中 σ 为单次测量的标准差，n 为测量次数。由于 $n>1$，故 $\sigma_1 < \sigma$，故算术平均值比单次测量值精度高。由于 σ_1 随 n 的增加而按 $1/\sqrt{n}$ 减小，故 n 愈大，减小的速度愈慢，故尽量多地增大 n 来提高测量精度，意义不大，且 n 增加，测量时间加长，会带来新的误差，亦不宜过多地增加测量次数。

Lb5F2004 比较法测定电能表相对误差的原理是什么？试写出表达式。

答：在相同的功率下，把标准电能表测定的电能与被检电能表测定的电能相比较，即能确定被检电能表的相对误差为

$$\gamma = (A_x - A_0)/A_0 \times 100\%$$

式中　A_x——被检电能表显示的电能值；

　　　A_0——接入同一电路在相同时间内标准电能表测得的电能值。

因为电能表的转盘转数代表电能表所测得的电能值，所以可用下式表示

$$\gamma = (n_0 - n)/n \times 100\%$$

式中　n——标准表的实测转盘转数；

　　　n_0——算定转数，表示被试表假设有误差时转 N 转标准表应转的转数。

Lb5F2005 机电式单相电能表有哪几种调整装置和主要的补偿装置？各有什么作用？

答：（1）全载调整装置，其主要作用是在额定电压、额定频率、标定电流和 $\cos\varphi=1$ 的条件下，用以调整电能表转动元件的转速，将电能表的误差曲线调整到规定的范围。

（2）轻载调整装置主要作用是产生一个与驱动力矩方向相同的补偿力矩，以补偿摩擦力矩和电流电磁铁非线性所引起的误差。

（3）相位角调整装置，其作用是为了满足在不同的功率因数下能实现正交条件，即$\beta-\alpha_1=90°$。

（4）防潜动装置，其主要作用是为了防止在电磁元件装置不对称，铁芯倾斜等原因引起的潜动。

（5）过载补偿装置，其主要作用是在过负载的情况下限制由于电流制动力矩增加而引起的负误差。

（6）温度补偿装置，其主要作用是减小由于外界温度变化而产生的误差。

Lb5F2006　什么叫潜动？产生潜动的原因有哪些？

答：电能表在运行中，当负载电流等于零时，它的转盘会有超过一整圈的转动，这种现象叫潜动。

引起潜动的原因为：轻载补偿力矩补偿不当或电磁元件不对称等引起的。从理论上讲可以将补偿力矩调整得恰到好处，但实际上作不到，至少电网电压是在一定范围波动的。而补偿力矩是和电压的平方成正比的，所以当电压升高时就会引起轻载补偿力矩增大而引起潜动。此外，电磁元件安装位置倾斜，也会产生潜动。有时，检定和使用时接线相序不同，对于三相电能表还会引起电磁干扰力矩变化，也可以引起潜动。

Lb5F3007　检定合格的机电式电能表运行时，哪些外部因素对其基本误差有影响，其环境温度过高影响如何？

答：对电能表的基本误差有影响的外界因素有以下几种：

（1）电压。电能表的工作电压与额定电压不同时，会使电能表的电压抑制力矩、补偿力矩等发生变化，从而引起基本误差发生改变，称电压附加误差。

（2）频率。电网频率发生改变，会引起电能表的电压、电流工作磁通幅值及它们之间的相位角的改变，从而引起基本误差发生改变，称频率附加误差。

（3）温度。环境温度发生变化，会引起电能表的制动磁通，电压、电流工作磁通幅值及它们之间的相位角的改变，从而引起基本误差发生改变，称温度附加误差。

（4）其他。电能表的倾斜度、电流和电压波形畸变、外磁场、相序等都会产生附加误差。环境温度过高会产生幅值温度误差和相位温度误差，前者因制动力矩减小，电能表转动变快，基本误差朝正方向变化，后者在感性时，由于电压绕组的电阻值变化而引起负误差（容性时引起正误差）。因此电能表总的温度误差应由这两类误差的代数差来决定。

Lb5F4008 机电式电能表电压线圈有短路现象时，试问表的圆盘转速有什么变化？为什么？

答：圆盘转速变快，因为电压线圈并联在电源上，如果电源电压不变，电压线圈感应的电动势也不变，当电压线圈匝数减少时，电压铁芯线圈中的磁通增大，从而使电压工作磁通也增大，故圆盘转速增加。

Lb4F2009 简述机电式三相电能表与单相电能表在结构上的区别。

答：（1）三相电能表和单相电能表的区别是每个三相表都有两组或三组驱动元件，它们形成的电磁力作用于同一个转动元件上，并由一个计度器显示三相消耗电能，所有部件组装在同一表壳内。

（2）由于三相电能表每组驱动元件之间存在着相互影响，故它的基本误差与各驱动元件的相对位置及所处的工作状态有关，因此都安装了平衡调整装置。

Lb4F2010 试述机电式电能表测量机构由哪些主要部件组成？各部件的作用是什么？

答：感应式电能表测量机构主要由驱动元件、转动元件、制动元件、轴承和计度器五部分组成。驱动元件包括电压元件和电流元件，它们的作用是将交流电压和交流电流转换为穿过转盘的交变磁通，在转盘中产生感应涡流，从而产生电磁力，驱使转盘转动。转动元件是由转盘和转轴组成，在驱动元件的交变磁场作用下连续转动，把转盘的转数传递给计度器累计成电量数。制动元件由永久磁钢及其调整装置组成。永久磁钢产生的磁通与其转动的转盘切割时，在转盘中所产生的感应电流相互作用形成制动力矩，使转盘的转动速度和被测功率成正比。轴承有下轴承和上轴承，下轴承支撑转动元件的全部重量，减小转动时的摩擦，上轴承起导向作用。计度器用来累计转盘转数，显示所测定的电能。

Lb4F2011　电能表的基本误差就是电能表在允许工作条件下的相对误差吗？为什么？

答：不是。所谓电能表的基本误差是指在规定的试验条件下（包括影响量的范围、环境条件、试验接线等）电能表的相对误差值。它反映了电能表测量的基本准确度。它并非电能表在使用时的真实误差。因为电能表规定的使用条件要比测定基本误差的条件宽，例如环境温度在测量基本误差时，对 2 级表规定的试验条件为（20±2）℃，而使用条件规定为 0～40℃（A 组）。

Lb4F3012　机电电能表为什么要在 80% 和 110% 参比电压的两种情况下进行潜动试验？

答：从理论上讲可以把轻负荷调整力矩补偿到恰到好处，但实际检验中往往做不到。当电压升高时，轻负荷补偿力矩与之成平方关系增大，一旦大于附加力矩与摩擦力矩之和时将产生潜动，反之当电压降低时也成平方关系减小，一旦失去平衡也将产生反向潜动。110% 参比电压是为了检查电压升高时，电能表因补偿力矩的增加，是否会引起潜动；加 80% 的参比电压是为检查电压降低时，电能表因防潜力矩减少，是否会引起反向潜动。

Lb4F3013 用光电脉冲法检定电能表时，被检电能表转数 N 的选定原则是什么？

答：用光电脉冲法检定电能表时，标准表和被检表都在不停地转动，用被检表转一定转数，测定与标准表转数成正比的脉冲数以确定被检表误差。可见光电脉冲法没有人为的控制误差和估读误差，但是标准表发出的脉冲通过受被检表转数控制的"与门"进入计数电路，可能产生 ±1 个脉冲的高频误差。为使这一误差被忽略，应选被检表转数 N 大一些，但考虑到检验效率又不能将 N 选择的太多，一般来说，N 按以下原则选定

$$预置脉冲数\ m_0 = \frac{C_\mathrm{M}N}{CK_\mathrm{I}K_\mathrm{U}}$$

式中　K_I、K_U——电流、电压互感器变比；

　　　C_M——标准电能表的脉冲常数；

　　　C——被检电能表常数。

通过 N，计算出的预置脉冲数 m_0 不低于规程所规定的该级别被检电能表预置脉冲数的下限值，如 2 级被检电能表，预置脉冲数的下限值为 2000。

Lb4F3014 论述单相电能表现场检验的意义？现场测定电能表误差超过规定时应怎么办？

答：（1）经检定的单相电能表，由于长途运输或因工作人员疏忽、业务不熟、责任心不强等或个别客户的异常用电原因，安装到现场后可能会发生记录故障或接线错误等问题。一旦发生这些问题，就要到现场进行检验。若超过规定应检查原因，及时进行多退少补，并对客户的违章用电行为及时按章处理，以确保电能计量的准确、可靠，单相电能表的误差可按下式计算

$$误差 = \frac{I_\mathrm{max}时的误差 + 3 \times I_\mathrm{b}时的误差 + 0.2I_\mathrm{b}时的误差}{5} \times 100\%$$

（2）当测得的电能表误差超出其允许范围时，应在三个工作日内更换。若有必要可在试验室内进行校前试验。

Lb4F3015 说明电压互感器的工作原理和产生误差的主要原因。

答：电压互感器的基本结构和变压器很相似。它由一、二次绕组，铁芯和绝缘组成。当在一次绕组上施加电压 U_1 时，一次绕组产生励磁电流 I_0，在铁芯中就产生磁通 ϕ，根据电磁感应定律，在一、二次中分别产生感应电势 E_1 和 E_2，绕组的感应电动势与匝数成正比，改变一、二次绕组的匝数，就可以产生不同的一次电压与二次电压比。当 U_1 在铁芯中产生磁通 ϕ 时，有励磁电流 I_0 存在，由于一次绕组存在电阻和漏抗，I_0 在励磁导纳上产生了电压降，就形成了电压互感器的空载误差，当二次绕组接有负载时，产生的负载电流在二次绕组的内阻抗及一次绕组中感应的一个负载电流分量在一次绕组内阻抗上产生的电压降，形成了电压互感器的负载误差。可见，电压互感的误差主要与励磁导纳，一、二次绕组内阻抗和负荷导纳有关。

Lb4F3016 三相三线两元件有功电能表能否正确计量三相四线电路的有功电能？为什么？

答：不能。三相三线电能表计量的有功功率为

$$P' = U_{UV}I_U \cos(\widehat{\dot{U}_{UV}\dot{I}_U}) + U_{WV}I_W \cos(\widehat{\dot{U}_{WV}\dot{I}_W})$$

而三相四线电能表计量的有功功率为

$$P = U_U I_U \cos(\widehat{\dot{U}_U \dot{I}_U}) + U_V I_V \cos(\widehat{\dot{U}_V \dot{I}_V}) + U_W I_W \cos(\widehat{\dot{U}_W \dot{I}_W})$$

$$= U_{UV}I_U \cos(\widehat{\dot{U}_{UV}\dot{I}_U}) + U_{WV}I_W \cos(\widehat{\dot{U}_{WV}\dot{I}_W}) + U_V I_N \cos(\widehat{\dot{U}_V \dot{I}_N})$$

比较以上两式可见，用三相三线两元件有功电能表测量三相四线电路的有功电能时，会引起线路附加误差 $U_V I_N \cos(\widehat{\dot{U}_V \dot{I}_N})$，所以不能用三相两元件电能表测量三相四线电路的有功电能。

Lb4F3017　三相电能表为什么必须进行分元件调整？调整的原则是什么？

答：三相电能表由于两组元件结构上的差异，以及装配不可能完全对称，即使在负载功率相同时，产生的驱动力矩也会不相同，从而产生误差，所以必须进行分元件调整。

调整的原则：

（1）使两组元件在 $\cos\varphi=1$ 时的误差尽可能相等且接近于零。

（2）使两组元件在 $\cos\varphi=0.5$ 时的误差尽可能相等且接近于零。

Lb4F3018　说明电流互感器的工作原理和产生误差的主要原因。

答：电流互感器主要由一次绕组、二次绕组及铁芯组成。当一次绕组中流过电流 I_1 时，在一次绕组上就会存在一次磁动势 I_1W_1。根据电磁感应和磁动势平衡原理，在二次绕组中就会产生感应电流 I_2，并以二次磁动势 I_2W_2 去抵消一次磁动势 I_1W_1。在理想情况下，存在磁动势平衡方程式 $I_1W_1+I_2W_2=0$。此时，电流互感器不存在误差，称为理想互感器。根据上式可推算出电流比与匝数成反比，以上，就是电流互感器的基本工作原理。

在实际中，要使电磁感应这一能量转换形式持续存在，就必须持续供给铁芯一个励磁磁动势 I_0W_1，方程式变为 $I_1W_1+I_2W_2=I_0W_1$。

可见，励磁磁动势的存在，是电流互感器产生误差的主要原因。

Lb4F3019　简述电能表检定中的虚负荷检定法、实负荷检定法及它们的应用场合。

答：（1）为了节省电能和技术上容易实现，电能表装置采用电压回路和电流回路分开供电，电压回路电流很小，电流回路电压很低，电流与电压之间的相位由移相器人工调节。这种方法称为虚负荷检定法，它可以检定额定电压很高、标定电流很大的电能表，但实际供给的电能或功率却很小，这样可节省电能。我国的电能表检定装置均采用虚负荷检定法。

（2）实负荷检定法就是电能表和功率表实际指示的电能和功率与负荷实际消耗和电源实际供给的电能或功率一致的方法，流过仪表电流线圈的电流是由加于相应电压线圈上的电压在负荷上所产生的电流值，当实负荷检定法用于实验室检定时，负载电流功率因数的调整是用调整负载阻抗的大小及性质来实现的，实负荷检定法在国外有些国家使用，但在我国主要用于交流电能表的现场校准。

Lb4F3020　电流互感器在投入使用前或对其进行校验之前为何要进行退磁？

答：（1）电流互感器在投入使用前用直流法检查极性、测直流电阻等都会在铁芯中产生剩磁，存在的剩磁会影响电能计量的准确性。

（2）电流互感器在运行中，如果在大电流下切断电源或二次绕组突然开路，铁芯中也会产生剩磁，存在的剩磁对校验测定电流互感器误差的准确性会产生影响。

因此电流互感器在投入使用前或对其进行校验之前必须要进行退磁。

Lb3F3021　简述电压互感器二次压降的产生原因及减小压降的方法。

答：在发电厂和变电站中，测量用电压互感器与装有测量表计的配电盘距离较远，电压互感器二次端子到配电盘的连接导线较细，电压互感器二次回路接有刀闸辅助触头及空气开关，由于触头氧化，使其接触电阻增大。如果二次表计和继电保护装置共用一组二次回路，则回路中电流较大，它在导线电阻和接触电阻上会产生电压降落，使得电能表端的电压低于互感器二次出口电压，这就是二次压降产生的原因。

减小压降的方法有：

（1）缩短二次回路长度。

（2）加大导线截面。

（3）减小负载，以减小回路电流。

（4）减小回路接触电阻。

Lb3F3022 简述对三相高压有功、无功电能表进行现场测试的方法及注意事项。

答：在现场实际运行负荷下测定电能表的误差，宜采用标准电能表法，标准表的接线要尽可能与被检表一致。在接线时应特别注意电压回路不能短路，电流回路不能开路。在现场检验时，可参照 SD 109—1983《电能计量装置检验规程》中所规定的现场检验要求进行。

现场检验条件应符合下列要求：

（1）电压对参比电压的偏差不应超过±10%。

（2）频率对参比频率的偏差不应超过±5%。

（3）环境温度为 0～35℃。

（4）适当选择标准电能表的电流量程，保证通入标准电能表的电流应不低于该电流量程的 20%。

（5）现场的负载功率应为实际的经常负载。若负载电流低于被检电能表基本电流的 10%，或功率因数低于 0.5 时，不宜进行误差测定。

Lb3F3023 对现场检验使用的标准电能表有哪些要求？

答：对现场使用的标准电能表有以下要求：

（1）标准电能表的准确等级应为被测电能表准确等级的 1/3～1/5。

（2）标准电能表的校验周期应三个月或半年一次，有条件的最好每月校一次。基本误差应限制在其允许值的 2/3 以内。

（3）携带过程中应有防尘、防震措施，以保证计量的准确性。

（4）标准电能表接入实际负载后预热时间应符合规定。

（5）标准电能表电压回路的外部导线及操作开关触点的接触电阻不得大于 0.2Ω，电流回路的导线应选用截面不小于 2.5mm^2 的多股软线。

（6）标准电能表与试验端子之间的连接导线应有良好的绝缘，中间不允许有接头，而应有明显的极性和相别标志。

Lb3F3024　同一台电压互感器，其铭牌上为什么有多个准确度级别和多个额定容量？电压互感器二次负载与额定容量有何关系？

答：（1）由于电压互感器的误差与二次负载有关，二次负载越大，电压比误差和角误差越大。因此制造厂家就按各种准确度级别给出了对应的使用额定容量，同时按长期发热条件下给出了最大容量。

（2）准确度等级对二次负载有具体要求。如测量仪表要求选用 0.5 级的电压互感器，若铭牌上对应 0.5 级的二次负载为 120V·A，则该电压互感器在运行时，实际接入的二次负载容量应大于 30V·A 而小于 120V·A，否则测量误差会增大，电压互感器的运行准确度等级会降低。

Lb4F4025　三相电压不对称为什么能影响感应式三相电能表的误差。

答：（1）这是由于制造及装配各驱动元件的不一致造成，当三相电压不对称时，各元件的不一致使各元件驱动力矩变化的绝对值就各不相同，因而产生附加误差。

（2）由于补偿力矩和电压自制动力矩随电压的二次方成正比变化的关系，三相电压不对称将引起这些力矩的变化不一致，也是产生附加误差的原因。

Lb3F4026　机电式电能表的电压特性如何改善？

答：改善电能表的电压特性主要有以下三个方面的措施：

（1）增大永久磁钢的制动力矩，采用高剩磁感应强度、高矫顽力材料的永久磁钢，增大永久磁钢的制动力矩，从而使得电压铁芯工作磁通产生的制动力矩所占的比重下降，也就减少了电压铁芯的制动力矩对电能表误差的影响。

（2）在电压铁芯的非工作磁通磁路的铁芯上打孔，称为饱和孔。它的作用是有意增大电压磁铁的非线性误差，用以补偿电压铁芯自制动力矩的变化。这是因为饱和孔的存在，使得非工作磁通磁路的铁芯有效截面积减小，当电压升高时，由于非工作磁通磁路比较早的趋于饱和，所以工作磁通比非工作磁通增加得快，使得转动力矩增大，从而就补偿了电压升高时增加的制动力矩。

（3）改善电能表的轻载特性，可以减小轻载补偿力矩。

Lb3F4027　走字试验的目的是什么？

答：（1）走字试验是检查电能表计度器的传动比与电能表的常数之间的关系是否正确，计度器本身的传动与进位是否正常，以及误差测定过程中可能发生的差错。

（2）可以发现计度器的蜗轮与转轴上蜗杆啮合是否正常，电能表加盖后有无卡盘、停转等故障，电压线路和电流线路的连接片接触是否良好。

Lb3F4028　电压互感器运行时有哪些误差，影响误差的因素主要有哪些？

答：电压互感器运行时存在以下误差：

（1）比误差。比误差 f_U 是指电压互感器二次电压 U_2 按额定电压比折算至一次后与一次侧实际电压 U_1 的差，对一次实际电压 U_1 比的百分数，即

$$f_{\mathrm{U}} = \frac{K_{\mathrm{U}}U_2 - U_1}{U_1} \times 100\%$$

（2）角误差。角误差δ_{U}是指二次侧电压相量$\dot{U}_2$逆时针旋转180°与一次侧电压相量$\dot{U}_1$之间的夹角。

影响电压互感器误差的因素主要有：

（1）一、二次绕组阻抗的影响，阻抗越大，误差越大。

（2）空载电流I_0的影响，空载电流I_0越大，误差越大。

（3）一次电压的影响，当一次电压变化时，空载电流和铁芯损耗角将随之变化，使误差发生变化。

（4）二次负载及二次负载$\cos\varphi_2$的影响，二次负载越大，误差越大；二次负载$\cos\varphi_2$越大，误差越小，且角误差δ明显减小。

Lb3F4029 电流互感器运行时有哪些误差，影响误差的因素主要有哪些？

答：电流互感器运行时存在以下误差：

（1）比误差。比误差f_{I}指电流互感器二次电流按额定电流比折算至一次后的$K_{\mathrm{I}}I_2$与一次侧实际电流I_1的差，对一次实际电流I_1比的百分数，即

$$f_{\mathrm{I}} = \frac{K_{\mathrm{I}}I_2 - I_1}{I_1} \times 100\%$$

（2）角误差。角误差δ_{I}是指二次侧电流相量$\dot{I}_2$逆时针旋转180°与一次侧电流相量$\dot{I}_1$之间的夹角。

影响电流互感器误差的因素主要有：

（1）一次电流I_1的影响，I_1比其额定电流大得多或小得多时，因铁芯磁导率下降，比误差和角误差与铁芯磁导率成反比，故误差增大。因此I_1在其额定值附近运行时，误差较小。

（2）励磁电流的I_0的影响，I_0越大，误差越大。I_0受其铁芯质量、结构的影响，故I_0决定于电流互感器的制造质量。

（3）二次负载阻抗Z_2大小的影响，Z_2越大，误差越大。

（4）二次负载功率因数的影响，二次负载功率因数越大，角误差δ_l越大，比差越小。

Lb3F4030　运行中的电流互感器二次开路时，二次感应电动势大小如何变化，且它与哪些因素有关？

答：（1）运行中的电流互感器其二次所接负载阻抗非常小，基本处于短路状态，由于二次电流产生的磁通和一次电流产生的磁通互相去磁的结果，使铁芯中的磁通密度在较低的水平，此时电流互感器的二次电压也很低。当运行中二次绕组开路后，一次侧电流仍不变，而二次电流等于零，则二次磁通就消失了。这样，一次电流全部变成励磁电流，使铁芯骤然饱和，由于铁芯的严重饱和，二次侧将产生数千伏的高电压，对二次绝缘构成威胁，对设备和运行人员有危险。

（2）二次感应电动势大小与下列因素有关：

1）与开路时的一次电流值有关。一次电流越大，其二次感应电动势越高，在有短路故障电流的情况下，将更严重。

2）与电流互感器的一、二次额定电流比有关。其变比越大，二次绕组匝数也就越多，其二次感应电动势越高。

3）与电流互感器励磁电流的大小有关。励磁电流与额定电流比值越大，其二次感应电动势越高。

Lb3F4031　校验带附加线圈的无功电能表时，标准表的接线系数为何是$1/\sqrt{3}$？

答：（1）带附加线圈的无功电能表如果电流线圈不做任何处理，其原始驱动力矩$M_Q=3U_1I_1\sin\varphi$，由此累计所得电能为实际数值的$\sqrt{3}$倍，即每次需将读数除以$\sqrt{3}$，为了能够直接读取无功电能，制造厂将该表的电流线圈缩减为额定匝数的$1/\sqrt{3}$，这样无功电能表的驱动力矩变为$M_Q=3\times\dfrac{1}{\sqrt{3}}U_1I_1\sin\varphi=\sqrt{3}U_1I_1\sin\varphi$。

（2）用标准表法校验带附加线圈的无功电能表时，标准无功电能表是由三块单相有功电能表通过跨相接法而构成的，其产生的驱动力矩是 $M_Q=3U_lI_1\sin\varphi$，与带附加线圈的无功电能表处理办法相类似，应该乘以一个由接线引起的接线系数 $1/\sqrt{3}$。

Lb3F4032 试述并联电容器提高功率因数的好处。无功补偿电容越大越好吗？为什么？

答：（1）并联电容器提高功率因数的好处有：

1）可挖掘发、供电设备的潜力，提高供电能力。

2）可以提高客户设备（变压器）的利用率，节省投资。

3）可降低线路损失。

4）可改善电压质量。

5）可减少企业电费支出。

（2）无功补偿电容不是越大越好，因为无功过补偿时，客户向电网倒送无功电能，造成无功过补偿处附近的用电设备端电压过分提高，甚至超出标准规定，容易损坏设备绝缘，造成设备事故。

Lb3F4033 试述三相电能表内平衡调整装置的工作原理和设置该装置的目的。

答：（1）三相电能表内平衡调整装置的工作原理为：在每个电压元件的回磁板上设置了两个可以旋进、旋出的长螺丝。当长螺丝旋进，则使电压工作磁通减小，该元件的驱动力矩减小；当长螺丝旋出，则使电压工作磁通损耗减小，电压工作磁通本身增大，因此，该元件的驱动力矩增大。

（2）设置该装置的目的是使各电磁元件在相同负载下，能产生相同的驱动力矩。由于各电磁元件制造和安装时不尽相同，即使在相同负载下，产生的驱动力矩也不完全相同。这样，利用各电磁元件平衡调整装置的长螺丝旋进、旋出对驱动力矩的影响，就可以达到微量增减驱动力矩目的，使之相同。

Lb3F4034 简述三相三线制电能计量装置采用两台电压互感器的优缺点。

答：（1）三相三线制电能计量装置通常采用两台电压互感器接成不完全的三角形（或称为 Vv 接法），其一次绕组通过高压熔丝接入电路，二次绕组通过接线端子接入电能表，二次绕组的 B 相接地。这种接法既能节省一台电压互感器，又能满足三相三线电能表所需要的电压。

（2）这种接线不能用来测量相电压，而且其输出的有效负荷为两台电压互感器额定负荷之和的 $\sqrt{3}/2$。

Lb3F4035 电子型电能表标准装置主要由哪几部分组成？其功能各是什么？

答： 电子型电能表标准装置主要由标准器和电子功率源组成。

（1）标准器包括标准电能表和扩展量限用的标准互感器。

（2）电子功率源由信号源、功率放大器，输出电压和电流变换器、控制电路和内部供电电源五部分组成。

1）信号源是功率源的核心，用于发生多相正弦波，并实现输出电压和电流的频率，幅值、相位的调节。

2）功率放大器就是将信号源输出的信号放大。

3）输出变换器将功放电路提供的恒定电流或电压转换成多量限的电流，隔离负载与内部电路的联系。

4）控制电路主要完成输出软启停，输出电压、电流换档控制，接线方式转换。

5）供电电源是把交流电源变成不同电压值的稳定直流电源。

Lb3F5036 什么叫电能计量装置的综合误差？为什么要对现有设备适当组合？怎样组合最优？

答：（1）电能计量装置的综合误差 γ 是使用整套电能计量

装置时，由电能表的基本误差γ_b、互感器的合成误差γ_h和二次回路的压降误差γ_d引起的整体误差，即

$$\gamma = \gamma_b + \gamma_h + \gamma_d$$

（2）由于综合误差γ为γ_b、γ_h和γ_d的代数和，因此通过它们大小、符号的配合，可使整体综合误差减小；而且互感器的合成误差还与选用的互感器的比差、角差的大小、符号有关，即互感器的选用也存在合理组合的问题。

（3）一般在一整套电能计量装置装出以前，根据电能表、互感器的试验结果中的误差数据进行综合误差计算，比较、优选出综合误差为最低值的搭配组合方案就是最优方案。

Lb2F2037 高供高量与高供低量的区别是什么？什么情况下采用高供低量计量方式？

答：高供高量与高供低量的区别是：

（1）高供高量是电能计量装置安装在受电变压器的高压侧，变压器的损耗已经计入了计量装置。

（2）高供低量是电能计量装置安装在受电变压器的低压侧，变压器的损耗未被计入计量装置，计算电费时，还须加上变压器的损耗。

原则上高压供电的用电户的用电计量装置，应该安装在受电变压器的高压侧，但以下情况可暂时采用高供低量的计量方式：

（1）110kV 及以上供电的，现难以解决 0.2 级互感器且容量小于 5000kV·A 者。

（2）35kV 供电户装用的受电变压器只有一台且容量在 1600（1800）kV·A 以下者。

（3）10kV 供电户装用的受电变压器只有一台且容量在 500kV·A 以下者。但是对有冲击性负荷、不对称负荷和整流用电的用电户，计费电能表必须装在变压器的一次侧。

Lb2F3038　试说明改善机电式电能表宽负载特性的措施。

答：（1）现代电能表发展的方向之一就是向宽负载发展。改善轻载特性，除了减少摩擦力矩之外，主要是减小电流铁芯的非线性影响。封闭型和半封闭型铁芯结构，都能改善这种影响。

（2）改善过载特性的办法主要有以下三种措施：

1）增加永久磁铁的剩磁感应强度，以降低转盘的额定转速。

2）相对于电流工作磁通，增加电压元件产生的磁通，可适当增加电压铁芯中柱的截面或减小电压工作磁通磁路的气隙。

3）在电流铁芯上加磁分路，当电流磁通增加时，磁分路的铁芯饱和得比电流铁芯快。

Lb2F3039　为什么程控电能表检定装置，输出电压、电流采用软启停方式？

答：在使用程控电能表检定装置检定电能表的过程中，经常要进行启停输出和换档的操作，由于功放电路和输出变换器在切换过程中可能会产生破坏性，为了减少因误操作而引起装置故障，一般都由微机控制输出幅度逐渐减少或增大，几秒钟后才变为稳定值。这种软启停的方式不仅为使用提供了方便，也消除了过渡过程对功放电路的冲击，提高了检定装置的可靠性。

Lb2F3040　电能计量装置新装完工后，在送电前检查的内容是什么？

答：（1）核查电流、电压互感器安装是否牢固，安全距离是否足够，各处螺丝是否旋紧，接触面是否紧密。

（2）核对电流、电压互感器一、二次绕组的极性及电能表的进出端钮及相别是否对应。

（3）检查电流、电压互感器二次侧及外壳和电能表的外壳是否接地。

（4）核对有功、无功、最大需量等电能表的倍率和起码，并抄录在工作单上。

（5）检查电能表的接线盒内螺丝是否全部旋紧，线头不得外露。

（6）检查电压熔丝两端弹簧铜片夹头的弹性及接触面是否良好。

（7）检查所有封印是否完好、清晰、无遗漏。

（8）检查工具、物件等不应遗留在设备上。

Lb2F4041　电子式电能表脉冲输出电路有哪两种形式，各有何特点？为何用光电耦合器对脉冲输出电路进行隔离？

答：电子式电能表的脉冲输出电路有两种基本形式：

（1）有源输出，即电能表的脉冲信号发生电路的工作电源置于电能表内，脉冲的产生和输出不依赖于该表工作电源之外的任何其他电源，它能直接通过脉冲信号发生电路输出相应的高、低电平脉冲信号，故取出信号简单、方便。

（2）无源输出，只有外加低压直流工作电源及上拉电阻，才能输出高、低电平脉冲信号。它的优点是脉冲信号幅值可灵活设定，以输入到不同输入信号幅值的脉冲计数器。

（3）采用光电隔离器，即可将电子式电能表内部的脉冲电路与外界干扰隔离起来。

Lb2F4042　复费率电能表实时时钟电路有哪两种，各有何特点？

答：（1）复费率电能表必须要有准确的实时时钟，保证时段费率的正确切换。有的时钟电路不需要单片机干预就能产生时、分、秒、年、月、日等日历数据，自动修正闰年，这种时钟芯片通常称之为硬时钟。由于硬时钟的准确性与软件无关，故不易产生差错；并且停电后由于给时钟单独供电，避免了停电后给单片机供电时产生电流过大现象。但是，硬时钟成本高、体积大，再者硬时钟芯片与单片机在空间上有一定距离，使得单片机与时钟芯片通信时可能受到外部干扰。

（2）还有一种时钟电路，是利用单片机的程序，通过对单片机内部或外部定时中断的计数，从而计算出实时时间，这类时钟称为软时钟。软时钟则因产生的日历时钟存在于单片机内的RAM中，可以方便的读取，同时还能完成定期抄表，季节时段变动等功能。但如果单片机发生故障，那么时钟也易被破坏。

Lb2F4043　为什么电子式电能表检定装置散热问题十分重要？有哪些散热措施？

答：（1）由于功率放大器经常工作在大信号状态下，为了输出较大的功率，功率输出三极管承受的电压就要高，通过的电流就要大，使得管耗也较大，因此，输出功率三极管的散热问题十分重要。

（2）为降低过热现象，避免功率管的损坏，可采用输出管多管并联工作，以降低功放输出级三极管单管功耗；功放输出不使用稳压电路，既可简化电路，又可减少内部热源；另外，还可采用散热器加风扇进行散热。

Lb2F5044　什么是预付费电能表？按使用价值不同可分为哪几种？为什么目前大多数预付费电能表都为 IC 卡式电能表？

答：所谓预付费电能表，就是除能正确计量电能以外，还具有能控制客户先付费后用电，并且一旦用电过量即能跳闸断电等功能的电能表，按使用价值不同，可分为投币式预付费电能表、磁卡式预付费电能表、电卡式预付费电能表、IC 卡式预付费电能表。

因 IC 卡具有以下优点，故大多数预付费电能表都为 IC 卡式电能表。

（1）抗破坏性强、耐用性高。IC 卡由硅芯片存储信息，先进的硅片制作工艺完全可以保证卡的抗磁性、抗静电及防各种射线能力。IC 卡信息的保存期按理论上计算可达 100 年以上，读写方便，读写次数高达 10 万次以上。

（2）存储容量高，加密性强，IC 卡容量可做到 2M 字节，由于 IC 卡容量大，可设有逻辑电路控制访问区域，因而 IC 卡系统具有很强的加密性。

（3）相关设备成本不高，IC 卡本身为一个可以携带的数字电路，读写只需一个供插卡的卡座就行，而且很多信息可直接存放在 IC 卡上，因此对系统网络，软件设计要求都不高。

Lb2F4045　机电式分表为何会损耗电量？如何确定电能表分表的损耗电量？

答：（1）从电能表的内部结构可知，电能表内由缠绕在铁芯上的电压线圈和电流线圈构成电磁回路，会产生驱动电能表圆盘转动的驱动力矩，是线圈就会有内阻。

（2）电压线圈不论客户是否用电，只要有外电源，线圈中始终有励磁电流通过，因此会产生损耗，且这部分损耗在电能表的损耗中占很大成分。

（3）电流线圈只有在客户用电时，线圈才有损耗。因此，电能表本身是有损耗的，但由于设计原理上的缺陷，这部分损耗并未计入表中。根据实测和参考有关资料，这种损耗一般平均每块单相电能表每月损耗 1kW·h 的电量。

（4）若总表后的分表为单相表，则应由安装分表的客户每月按 1kW·h 电量付给总表电费；若总表后的分表为两元件三相表，则该表每月损耗电量为 2kW·h；若总表后的分表为三元件三相表，则该表每月损耗电量为 3kW·h。

Lb1F4046　电子式电能表的电压跌落和短时中断是怎样造成的？它对电子式电能表有什么影响？

答：电压跌落和短时中断是由于电力系统发生短路或接地故障造成的，尤其是系统进行自动重合闸和切除故障的操作会引起 0.5s 持续时间的电压跌落和短时中断。电压跌落和短时中断的时间虽然很短，但抗干扰性差的电子式电能表，往往会发生电子元件误动作或存储器的数据丢失等故障。

Lb1F4047　对电子式电能表为什么要进行电磁兼容性试验？

答：电子式电能表（包括机电式电能表）采用了敏感的电子元器件，由于其小型化、低功耗、高速度的要求，使得电表在严酷的电磁环境下遭受损害或失效的机会大了，严重的可造成设备事故。另一方面，电表在运行时会对周围环境电磁骚扰，可能干扰公共安全和通信设备的工作，影响百姓的文化生活。因此为了保证电能计量的准确、可靠，有必要对电子式电能表进行电磁兼容性试验。

Lb1F4048　为什么要对电子式电能表进行浪涌抗扰度试验？

答：电能表在不同环境与安装条件下可能遇到雷击、供电系统开关切换、电网故障等，造成的电压和电流浪涌可能使电表工作异常甚至损坏。浪涌抗扰度试验可评定电能表在遭受高能量脉冲干扰时的抗干扰能力。

Lb1F4049　为什么要对电子式电能表进行静电放电抗扰度试验？

答：静电问题与环境条件和使用场合有关。静电电荷尤其可能在干燥与使用人造纤维的环境中产生。静电放电则发生在带静电电荷的人体或物体的接触，或靠近正常工作的电子设备的过程中，使设备中的敏感元件造成误动作，严重时甚至引起损坏。对电子式电能表进行静止放电抗扰度试验可以用来模拟操作人员或物体在接触电表时的放电及人或物体对邻近物体的放电，以评价电能表抵抗静电放电干扰的能力。

Lb1F4050　进行静电放电抗扰度试验时为什么优先选择接触放电方式？

答：空气放电由于受到放电枪头接近速度、试验距离、环境温度和试验设备结构等的影响，其可比性和再现性较差，所以应优先采用接触放电方式。空气放电一般在不能采用接触放电的场合下才使用。

Lb1F4051　为什么要对电子式电能表进行电快速瞬变脉冲群抗扰度试验？

答：电子式电能表对来自继电器、接触器等电感性负载在切换和触点跳动时所产生的各种瞬时干扰较敏感。这类干扰具有上升时间快、持续时间短、重复率高和能量较低的特点，耦合到电能表的电源线、控制线、信号线和通信线路时，虽然不会造成严重损坏，但会对电表造成骚扰，影响其正常工作，因此有必要对电子式电能表进行电快速瞬变脉冲群抗扰度试验。

Lb1F4052　为什么要对电子式电能表进行高频电磁场抗扰度试验？

答：电磁辐射对大多数电子设备会产生影响，尤其是随着手提移动电话的普及，当使用人员离电子设备距离很近时，可产生强度达几十特斯拉的电磁场辐射，它对产品的干扰作用是很大的。为了评价电能表抵抗由无线电发送或其他设备发射连续波的辐射电磁能量的能力，有必要进行高频电磁场抗扰度试验。

Lb1F5053　最大需量有哪两种计算方式？两者之间有何区别？

答：最大需量有区间式和滑差式这两种计算方式，两者之间区别在于：

（1）区间式最大需量计算方式。将 $1\sim15$min 的脉冲数累加后乘以脉冲的电能当量（指每个脉冲所代表的电能值），再除以 15min，即得到需量值 P_1，保存于最大需量的存储单元中，然后进行 $16\sim30$min 需量区间的计算，将第二次计算值 P_2 与 P_1 比较，若 $P_2>P_1$，则将 P_2 取代 P_1 存于最大需量的存储单元中，依次类推，最大需量的存储单元中始终保持 15min 平均功率的最大值。

（2）滑差式最大需量计算方式。将 1～15min 的脉冲数累加后乘以脉冲的电能当量（指每个脉冲所代表的电能值），再除以 15min，即得到需量值 P_1，保存于最大需量的存储单元中，第二次计算需量值时，是从（1+t）～（15+t）min 内计算平均功率，其中 t 为滑差区间的时间。第 n 次计算，依次类推，即从（1+nt）～（15+nt）min 内计算平均功率，每次将计算值进行比较保存最大值于最大需量的存储单元中。

Lb1F5054　多费率电能表的显示器有哪几类？各有什么优点缺点？

答：多费率电能表的显示器有三种：LED 数码管显示器、LCD 液晶显示器和 FIP 荧光数码管显示器。

LED 数码管显示器的优点是响应速度快，使用温度的范围较大，视角大，使用寿命长。缺点是功耗大。

LCD 液晶显示器的优点是功耗小。缺点是，在高、低温条件下使用寿命将明显缩短，而且视角小，不可受强光直射，潮湿的环境也会使液晶显示器表面电阻降低，造成显示不正常。

FIP 荧光数码管显示器的字形漂亮，但功耗大，使用寿命较短，一般很少使用。

Lb1F5055　全电子式电能表会不会有潜动现象？

答：在感应式电能表中，由于测量机械制造和装配不准确、不对称，如电压、电流铁芯倾斜，回磁极位移等因素，从而产生附加力矩使电能表在无负载情况下出现圆盘正转或反转的潜动现象。若电子式电能表无机械测量部件，也不存在装配位置的因素，则根据电子式电能表的检定规程要求判断是否有潜动现象，即电压回路加参比电压，电流回路无电流时，安装式电能表在启动电流下产生一个脉冲的 10 倍时间内，输出不得多于

1 个脉冲。如果不符合此项要求，电子式电能表同样也有潜动现象，只是产生的原因不同，当电子式电能表在轻载情况下，产生的误差不呈线性变化，即脉冲的产生无规律时，就有可能在无负载情况下产生潜动现象，又如测量回路出现故障，也可能在无负载情况下产生脉冲，从而出现潜动现象。

Lc3F3056　简述无功电能的测量意义。

答：（1）无功功率的平衡是维护电压质量的关键。当无功功率不足时，电网电压将降低；当无功功率过剩时，电网电压必将上升。电压水平的高低会影响电网的质量，也会影响各类用电设备的安全经济运行。

由此看来，无功电能的测量对电力生产、输送、消耗过程中的管理是必要的。它可用来考核电力系统对无功功率平衡的调节状况。

（2）同时，通过对客户消耗的有功电能 W_P 和无功电能 W_Q 的测量，考核负载的平均功率因数，即

$$\cos\varphi = \frac{W_P}{\sqrt{W_P^2 + W_Q^2}} = \frac{1}{\sqrt{1 + \left(\dfrac{W_Q}{W_P}\right)^2}}$$

通常将 W_Q/W_P 设定为 $\tan\varphi$，因此无功电能 W_Q 越小，平均功率因数越高。

（3）根据客户的负载平均功率因数的高低，减收或增收电费（称为功率因数调整电费），以经济手段来促进大工业用户合理补偿无功，以提高用电设备的负载功率因数。一般电力用户容量超过 100kV·A 都要计算功率因数调整电费。

Lc3F4057　什么是三相四线制供电？为什么中性线（零线）不允许断路？

答：（1）在星形连接电路中，电源三个相绕组的端头引出

三根导线，中性点引出一根导线，即称为三相四线制。低压供电线上常采用此制。

（2）中性线的作用就是当不对称的负载接成星形连接时，使其每相的电压保持对称。在有中性线的电路中，偶然发生一相断线，也只影响本相负载，而其他两相的电压依然不变。但如中性线因事故断开，则当各相负载不对称时，势必引起各相电压的畸变，破坏各相负载的正常运行。实际上，负载大多是不对称的，故中性线不允许断路。

Lc3F4058　简述考核客户最大需量的必要性。

答：（1）最大需量是客户在一个电费结算周期中，指定时间间隔（如 15min）内平均功率最大值。

（2）由于生产的特点，用电户的负荷不是恒定的，时刻都在变化。客户申请容量大而实际负荷小，则供电容量空占，投资大，浪费物资，成本高。

（3）客户申请容量小而实际负荷大，则使设备、线路过负荷，影响供电质量，甚至使设备损坏造成事故。

（4）因此供电企业与用电户之间需订立供用电合同（协议），规定其最大负荷。大工业客户实行的两部制电价的基本电费可按变压器容量或按最大需量收费。实际负荷超过议定的最高需量，应加价收费；需量不足限额时，仍按限额收费，促使用电户降低高峰负荷，使发、供、用电设备发挥最大的经济效益。

Lc2F3059　安装分时计量电能表对系统和客户各有什么作用？

答：（1）分时表为实施多种电价提供了依据。采用高峰高价、低谷低价政策可使客户自觉避开高峰负荷用电。这样既减少了客户的电费支出，又提高了电网的负荷率。另减少客户在高峰时段用电的电费支出，可减少拉闸限电现象。

（2）辅助控制无功消耗，监视力率的实际变化，改善系统电压。对无功电量的计量，若不分峰荷和谷荷，只记录总的消耗量，往往造成计算平均力率偏高的假象，由此进行的功率因数奖惩显然不合理。安装有功、无功分时计量电能表，便可以分别考核高峰负荷和低谷负荷时期的无功消耗及真实的功率因数变化，更有效地监视电网无功出力，以便采取电压调整措施和对客户的功率因数补偿情况的正确监督。

（3）帮助协调联网小型地方电站与主网的关系。利用分时计量表可监控峰谷时期的潮流。在主网峰荷时期限制小电网从主网吸收的需用电量，而在主网谷荷时期，又限制向主网的反馈电量。

（4）可实现按规定时间分配电量。利用分时电能表记录按峰、谷时间给客户分配的月用电量，超用时加以罚款。

（5）改善电力系统调峰的管理。分时计量表装于发电厂，将发电厂的高峰、低谷和总发电量分别记录下来以考核该厂的可调出力、最大出力、最小出力、调峰率及负荷曲线完成率等技术指标。

Lc1C3060　我国电力系统中性点接地方式有哪几种？它们各有什么特点？

答：可分为两类三种接地方式，即直接接地和不接地两类，不接地方式包括中性点不接地和中性点经消弧线圈（电阻）接地方式。

中性点直接接地系统供电可靠性较不接地系统差，这是因为一旦系统内出现另一接地故障点时，即构成短路回路，短路电流很大。一般在110kV及以上系统内采用。

不接地系统供电可靠性高，但对设备和线路的绝缘水平的要求也高，一般在35kV及以下系统内采用经消弧线圈或电阻接地方式。低压系统一般采用中性点接地，只有特殊需要时才采用不接地方式。

Lc1F5061 电能计量装置配置的原则是什么？

答：（1）具有足够的准确度。对于高压电能计量装置，不但电能表、互感器的等级要满足 DL/T 448—2000《电能计量装置技术管理规程》的要求，而且整套装置的综合误差应满足 SD 109—1983《电能计量装置检验规程》的要求。

（2）具有足够的可靠性。要求电能计量故障率低，电能表一次使用寿命长，能适应用电负荷在较大范围变化时的准确计量。

（3）功能能够适应营销管理的需要。一般情况下，电量计量装置应设置以下基本功能：记录有功、无功（感性及容性）电量，多费率计量，最大需量，失压计时以及为负荷监控而设置的脉冲量或数字量传输。具体到某一客户，可以根据供用电合同中关于计量方式的规定，选用其中一部分（或全部）功能。

（4）有可靠的封闭性能和防窃电性能，封印不易伪造，在封印完整的情况下，做到用户无法窃电。

（5）装置要便于工作人员现场检查和带电工作。

Jd4F4062 试分析电能表常见故障中，计度器下列两种故障现象的常见原因有哪些？

（1）转盘转动，计度器不走字。

（2）卡字或跳字。

答：转盘转动计度器不走字的主要原因：

（1）第一齿轮与蜗杆咬合太浅。

（2）第一传动轮缺牙。

（3）传动轮与字轮的间隙过大。

（4）字轮的导齿较短。

（5）弯架内框的尺寸过大。

计度器卡字和跳字的主要原因：

（1）计度器内有杂物。

（2）字轮及传动齿轴杆与轴转动配合过紧或过松。

（3）第一齿轮与螺杆齿形不等。

（4）弯架内框尺寸过小或过大，造成字轮与传动轮间排列过紧或放松。

（5）采用拉伸冲压工艺的铝字轮，因导齿轮变形引起。

Jd4F4063 试分析电能表常见故障中，转动元件下列两种故障现象的常见原因有哪些？

（1）擦盘。

（2）表速不稳，转动时转盘有晃动。

答： 电能表转动元件擦盘的主要原因：

（1）转盘不平整。

（2）电磁元件间隙或永久磁钢间隙歪斜。

表速不稳，转动时转盘晃动的主要原因：

（1）转盘与转轴松动。

（2）上轴承孔眼太大（盘帽）或有毛病。

（3）轴杆下端的八度角不转或歪斜使它与宝石夹套或顶珠夹套的内八度角配合不好。

Je5F2064 带电检查为什么要测量各组互感器二次电压与二次电流？

答： 因为三个二次线电压值应近似为 100V，如发现三个线电压值不相等，且相差较大，则说明电压互感器一、二次侧有断线、断保险或绕组极性接反等情况。如对 Vv 接线的电压互感器，当线电压值中有 0、50V 等出现时，可能是一次或二次断线；当有一个线电压是 173V 时，则说明有一台互感器绕组极性接反。用钳形电流表分别测量第一件、第二元件和公共线电流，对 U、W 相电流互感器二次分别接入电能表电流端子，没有公共线测公共线电流时，可将二相合并测量。如三相负载平衡，三次测量值应相等，若公共线电流为其他电流的倍数，则说明有一台互感器极性接反。由此说明，测量各组二次线电压和各组二次电流，可以判断电能计量接线的正确性。

Je5F2065　检定电能表可采用哪两种方法？它们各有什么特点？

答: 检定电能表一般采用瓦秒法和比较法(标准电能表法)。

瓦秒法是测定电能表误差的基础方法,它对电源稳定度要求很高,而且是通过计时的办法来间接测量的。

标准电能表法是直接测定电能表误差,即在相同的功率下把被检电能表测定的电能与标准电能表测定的电能相比较,即能确定被检电能表的相对误差的方法。这种测定方法对电源稳定度要求不高,但用作标准的电能表比被检表要高两个等级,目前普遍采用此法。

Je5F3066　感应式电能表起动电流超过规定值,可能存在哪些原因？

答: (1) 上下轴承制造精度差,传动零部件光洁度不好或者有毛刺。

(2) 圆盘与磁钢工作间隙有铁屑等杂物。

(3) 转盘静平衡差,或电磁元件有偏斜现象,转动时有碰擦。

(4) 防潜力矩调整不当。

(5) 计度器齿轮缺齿、变形或啮合太深、过紧,造成卡死。

Je4F4067　如何用瓦秒(或实负载比较)法测试 2.0 级家用电能表接线是否正确？并且说明其局限性。

答: (1) 让客户只开一盏 40W(或 60W)的灯泡,记下电能表的转盘转 N 转时,所用的时间 T。

(2) 若电能表的常数为 C,则电能表反映的功率为 $P=\dfrac{3600\times1000\times N}{C\times T}$ W,其中 T 的单位必须是 s。

(3) 若计算功率是 P,灯泡功率记为 P',则该表的基本误差为 $\gamma=\dfrac{P-P'}{P'}\times100\%$。

（4）若误差超过很多，则可初步怀疑该表有计量问题或接线有错。

（5）在运用这种方法时，负载功率必须稳定，并应注意灯泡标示的功率误差较大，只能参考，不能确定是哪种错误。

Je4F5068 用电工型电能表检定装置检定电能表时，为什么每次改变电流量程都要调整零功率。单相电能表，三相四线有功电能表、三相三线有功电能表各怎样调整零功率？

答：（1）每次切换电流量程开关调定负载电流后必须调整零功率，是因为标准电流互感器存在着比差和角差，切换电流量程开关后，使标准电流互感器的变比改变了，其角差也发生了变化，必须经过调整补偿，才能保证检定结果不受影响。对于不同类型电能表，零功率的调整方法还有所不同。

（2）对于单相电能表和三相四线有功电能表，将移相开关置 $\cos\varphi=0$ 时，即电压、电流相位差 $90°$，调节电流回路相位细调，使 U、V、W 三相功率表都为 0；对于三相三线有功电能表，将移相开关置 $\cos\varphi=0.5$（感性）时，调整 U 相电流相位细调，使 U 相功率表为 0，然后再将移相开关置 $\cos\varphi=0.5$（容性）时，调整 W 相电流相位细调，使 W 相功率表为 0。

Je3F2069 简述电子式电能表的起动试验、潜动试验和停止试验的方法。

答：（1）起动试验：单相标准电能表和安装式电能表，在参比电压、参比频率和功率因数为 1 的条件下，负载电流升到 JJG 596—1996《电子式电能表》规定的值后，标准电能表应启动并连续累计计数，安装式电能表应有脉冲输出或代表电能输出的指示灯闪烁。

（2）潜动试验：电压回路加参比电压（对三相电能表加对称的三相参比电压），电流回路中无电流时，安装式电能表在启动电流下产生 1 个脉冲的 10 倍时间内，输出不得多于 1 个脉冲。

（3）停止试验：标准电能表启动并累计计数后，用控制脉冲或切断电压使它停止计数，显示数字应保持 3s 不变化。

Je3F3070　电能计量装置竣工验收包括哪些项目？

答：（1）电能表的安装、接线。

（2）互感器的合成误差测试。

（3）电压互感器二次压降的测试。

（4）综合误差的计算。

（5）计量回路的绝缘性能检查。

Je3F4071　电能计量装置中电压互感器二次压降对计量准确度有何影响？若电压互感器二次侧一根线断后，用一根稍细的铜质导线代替，问这样对计量准确度有何影响？

答：（1）电能计量装置中电压互感器二次压降，是指由于二次回路存在阻抗，如导线内阻、端钮接触电阻等，当有电流流过时，产生了电压降落，电压互感器出口端电压值与末端负载（如电能表电压线圈）上获得的电压值之差的百分数称为该互感器的二次压降。此值越大，末端电能表电压线圈上获得的电压值越小，计量的电能越少，计量误差越大。

（2）若电压互感器二次侧一根线断后，用一根稍细的铜质导线代替，由于导线的阻值与导线截面成反比，因此替换后的电压回路阻值增加了，电压降落随之加大，电能表上获得的电压值变小，计量的电能减少。

Je3F4072　简述机电式电能表电流铁芯上设置的相位误差调整方法和工作原理。

答：（1）细调装置原理：当滑块向右移动，回路路径变长，电阻变大，回路电流变小，即从电流铁芯分得的磁场能量减少，铁芯的损耗角 α_1 减小。因此电流工作磁通超前电压工作磁通角度 Ψ 增大，电能表的驱动力矩 $M_P=K_PUI\sin\Psi$ 增大，相位误差朝正方向变化。

（2）粗调装置原理：当滑块向左或右移动到极端位置，例如滑块向右移到极端，相位负误差仍然超差，则可将电流铁芯上的短路片剪断1～2匝，这样短路片从电流铁芯分得的磁场能量减少，铁芯的损耗角 α 减小。因此电流工作磁通超前电压工作磁通角度 Ψ 增大，电能表的驱动力矩 $M_P=K_PUI\sin\Psi$ 增大，相位误差朝正方向变化。反之，要增加短路片的匝数。

Je3F4073 当电能表轻载调整片处在任一极限位置，转盘始终向某一方向转动，这是什么原因？如何解决？

答：这是由于装配电能表时，工艺不过关，使得电压或电流铁芯倾斜，或装配不对称产生潜动转矩造成的。具体地说：

（1）当电压铁芯倾斜时，电压工作磁通路径不同，产生指向倾斜一侧的潜动力矩。

（2）当电流铁芯倾斜时，其两个磁极端面不能平行于转盘，使得两个合成潜动力矩不等，接近圆盘一侧的铁芯合成潜动力矩较大，所以会发生指向电流铁芯接近圆盘一侧的潜动。

（3）回磁片位移，电压辅助磁路气隙不对称，也会产生潜动转矩。此时应重新装配，务必保持电磁元件的对称性。

Je3F4074 有防潜装置的电能表，做起动或潜动试验时为什么将表盘涂色标记正对转盘窗口？如何由此判断灵敏度是否合格？是否有潜动？

答：（1）防潜装置由固定在电压铁芯上的小电磁铁和固定在转轴上的防潜针两部分构成。防潜针小铁丝随转轴 360°旋转，给表盘圆周涂标志色时，一般是在防潜装置的两部分靠近时，把转盘正对窗口部分涂上黑色或红色标记。

（2）电能表做启动或潜动试验时，由于电流很小转速很慢，需要的时间很长。如果将表盘涂色部分正对转盘窗口，防潜装置产生的防潜力矩最大，即转盘受到的阻力最大，这样可以很快做出判断。

（3）在灵敏度试验条件下，若转盘的涂色标记从正对转盘窗口处慢慢正向转入表内，则该表灵敏度合格，否则为不合格。

（4）在潜动试验条件下，若转盘的涂色标记在正对转盘窗口处，慢慢正向或反向转动且在附近停下，则该表无潜动，否则有潜动。

Je3F4075　复费率电能表输出端钮无脉冲信号输出是什么原因？如何测试和排除？

答：在通电情况下，电能表电能输出端钮无脉冲信号输出，此时故障可能的原因有：

（1）CPU 损坏。

（2）输出光耦损坏。

（3）光耦输出未接拉高电阻。

首先用万用表的直流电压 5V 档去测输出光耦的 4、5 二脚（红表棒接 5 脚，黑表棒接 4 脚），如测得为 0V，则输出未接入拉高电阻，只要在 5 脚与正电源间接入拉高电阻可排除故障。如测得电压约为 5V，则说明其输出接入了拉高电阻，则将发光二极管接入光耦的输出（"+"极对应 3 脚，"−"极对应 2 脚），如发光二极管发光，则说明光耦输入端坏，则更换输出光耦。如测得输出光耦也正常，则说明 CPU 损坏，应更换 CPU。

Je3F5076　电流互感器运行时造成二次开路的原因有哪些？开路后如何处理？

答：电流互感器运行时造成二次开路的原因有：

（1）电流互感器安装处有振动存在，其二次导线接线端子的螺丝因振动而自行脱钩。

（2）保护盘或控制盘上电流互感器的接线端子压板带电测试误断开或压板未压好。

（3）经切换可读三相电流值的电流表的切换开关接触不良。

（4）电流互感器的二次导线，因受机械摩擦而断开。

开路后处理方法：

（1）运行中的高压电流互感器，其二次出口端开路时，因二次开路电压高，限于安全距离，人不能靠近，必须停电处理。

（2）运行中的电流互感器发生二次开路，不能停电的应该设法转移负荷，降低负荷后停电处理。

（3）若因二次接线端子螺丝松动造成二次开路，在降低负荷电流和采取必要的安全措施（有人监护，处理时人与带电部分有足够的安全距离，使用有绝缘柄的工具）的情况下，可不停电将松动的螺丝拧紧。

Je3F5077　有时候线路上并没有用电，可电能表转盘仍在转动，试分析其原因。

答：若线路上不用电，可是电能表转盘仍在转动，一般有以下几种情况：

（1）原来在用电，关掉开关时，由于惯性电能表的转盘或左或右，但不超过一整圈，属正常；若总表后面装有很多分表，由于分表电压线圈要消耗电能，这对于总表来说，等于接上了负荷，所以虽然不使用电器，但总表仍转，也属于正常现象。

（2）若线路上没用电，电能表后也无分表，转盘仍转，可将电能表出线的总开关拉开，若转盘停止转动，则说明电能表正常，而线路上有漏电情况，应检查线路。

（3）若将电能表出线总开关拉开后，转盘仍继续转动，且超过了一整圈，则说明电能表有潜动。

Je3F5078　高供高量三相三线有功电能表，检查接线是否有错有哪些简便方法？各有什么条件？

答：高供高量电能计量装置一般由三相三线有功、无功电能表和 Vv12 接线电压互感器、Vv12 接线电流互感器构成，检查有功电能表接线是否有错有以下几种方法。

277

（1）实负载比较法。通过实际功率与表计功率的比较，相对误差大大超过了基本误差范围，则可判断接线有错。运用条件是负载功率必须稳定，其波动小于±2%。

（2）断开 b 相电压法。若断开电压互感器二次 b 相电压，电能表的转速比断开前慢一半，则可说明原接线是正确的。运用条件是：

1）负载功率方向不变且稳定，负载应不低于额定功率的20%。

2）三相电路接近对称，电压接线正确。

3）电能表中不能有 b 相电流通过。

4）负载功率因数应为 $0.5 < \cos\varphi < 1$。

（3）电压交叉法。对换 a、c 相电压后，电能表不转或向一侧微微转动，且再断开 b 相电压时，电能表反转，则可说明原接线是正确的。运用条件与断开 b 相电压法相同。

Je3F5079 高供低量三相四线有功电能表，检查接线是否有错有哪些简便方法？各有什么条件？

答： 高供低量电能计量装置一般由三相四线有功、无功电能表和 Yy12 接线电流互感器等组成。检查三相四有功电能表接线是否有错有以下几种方法：

（1）实负载比较法。通过实际功率与表反映的功率比较，相对误差大大超过了基本误差范围，则可判断接线有错。运用条件是负载功率必须稳定，最好其波动小于±2%。

（2）逐相检查法。接进电能表的三根火线中只保留 A 相，断开 B、C 相电压进线，电能表应该正转，此时也可结合实负载比较法检查 A 相接线；同理断开 A、C 相电压进线，检查 B 相接线；断开 A、B 相电压进线，检查 C 相接线。运用此方法时每相负载不能低于额定负载的 10%。

Je3F5080 电能计量装置新装完工后电能表通电检查内

容是什么？并说明有关检查方法的原理。

答： 电能计量装置新装完工后电能表通电检查内容及有关检查方法的原理如下：

（1）测量电压相序是否正确，拉开客户电容器后有功、无功表是否正转。因正相序时，断开客户电容器，就排除了过补偿引起的无功表反转的可能，负载既然需要电容器进行无功补偿，因此必定是感性负载。这样有功、无功表都正转才正常。

（2）用验电笔试验电能表外壳零线接线端柱，应无电压，以防电流互感器二次开路电压或漏电。

（3）若无功电能表反转，有功表正转，可用专用短路端子使电流互感器二次侧短路，拔去电压熔丝后将无功表 U、W 两相电流的进出线各自对调，但对 DX、LG 等无功表必须将 U 相电压、电流与 W 相电压、电流对调。

（4）在负载对称情况下，高压电能表拔出 B 相电压，三相二元件低压表拔出中相线，电能表转速应慢一半左右。因为三相二元件电能表去掉 V 相电压线后，转矩降低一半。

（5）采用跨相电压试验：拔出 U、W 两相电压后，在功率因数滞后情况下用 U 相电压送 W 相电压回路，有功表正转；用 W 相电压送 U 相电压回路，有功表反转；用 U 相电压送 W 相电压回路，且 W 相电压送 U 相电压回路时，有功表不转。因为 U、W 相电压交叉时，电能表产生的转矩为零。

Je2F3081 不合理计量方式有哪些？

答： 检查时，当遇有下列计量方式可认为是不合理计量方式：

（1）电流互感器变比过大，致使电能表经常在 1/3 标定电流以下运行，以及电能表与其他二次设备共用一组电流互感器。

（2）电压与电流互感器分别接在电力变压器不同电压侧，以及不同的母线共用一组电压互感器。

（3）无功电能表与双向计量的有功电能表无止逆器。

（4）电压互感器的额定电压与线路额定电压不相符。

Je2F3082 在三相电路中，功率的传输方向随时都可能改变时，应采取何种电能计量接线。

答：三相电路中，如果随时可能改变有功功率和无功功率的输送方向，则应采用两只三相三线有功电能表和两只三相无功电能表，通过电压互感器和电流互感器进行联合接线。每只电能表都应带有"止逆器"阻止转盘反转，同时还需要使接入电能表的电压、电流线路确保转盘始终沿着电能表所标志的方向转动。

也可采用一只双方向四象限电子式多功能电能表替代上述四只感应系电能表。

Je2F3083 分析电工式电能表检定装置输出电流不稳定的原因。

答：下面几个原因可能造成电工式电能表检定装置输出电流不稳定。

（1）电流量程开关由于长期频繁切换，开关触点拉弧氧化，接触电阻增大，造成接触不良。

（2）调压器碳刷接触不好。

（3）标准电流互感器等电流回路的接线端子松动、虚焊，造成接触不良。

（4）被检表或标准电能表电流回路的连接线未紧，造成接触不良。

（5）升流器二次绕组的额定电压裕度不够。

（6）交流接触器接触不良，尤其在大电流情况下。

（7）稳定电流的自动调节装置电子线路板故障。

Je2F3084 论述电能计量装置中电流互感器按分相接法的优缺点。

答：电流互感器分相接法即电流互感器二次绕组与电能表

之间六线连接，若电流互感器星形接法，即电流互感器二次绕组与电能表之间四线连接。星形接法虽然节约导线，但若公共线断开或一相电流互感器接反，会影响准确计量，并且错误接线几率增加，一般尽可能不采用此种接法。

分相接法虽然使用导线较多，但错误接线几率相对较低，检查接线也较容易，并且便于互感器现场校验。

Je2F3085　三相电能计量装置中电压互感器烧坏的原因有哪些？

答：以下几个原因可导致电压互感器烧坏。

（1）极性接错，使两个单相电压互感器中一相长期在 $\sqrt{3}$ 倍额定电压下过电压运行，引起一、二次绕组流过大电流而烧坏。对两台单相电压互感器接成 V 形（即不完全三角形），一定要按 U—X—U—X，u—x—u—x 连接，否则极性就接错。

（2）将线电压接入带 $\sqrt{3}$ 变压比的单相电压互感器。凡带 $\sqrt{3}$ 变压比的单相电压互感器不能接成 V 形。

（3）大气过电压，操作过电压，系统长期单相接地，绝缘劣化变质，高压未用合格熔丝等。对于高压侧严禁乱挂铜丝，铅锡熔丝等。

Je2F3086　单相复费率电能表在运行中发生机械计度器不计数，但有脉冲输出，可能出现什么故障？如何测试？

答：加电压、电流的情况下，电能表的计度器不计数，但有输出脉冲，可能的原因有：

（1）计度器已损坏。

（2）脉冲幅度不够。

针对这两个可能的原因，首先焊下计度器的排线（注意各根线对应位置，如无标色，则做好标色），放入计度器常走插座，看是否走字正常。如不正常，则调换新的计度器。如计度器正常，则对基表重新加上电压、电流，并用示波器测量 S^+、S^- 两端的输出脉冲。把示波器的钩子端接入（VOLTS、DLV）并调到 5V，时间格度（SEC、DIV）调到 50ms，从示波器中看是否有方波输出，幅值是多少，一般当输出脉冲幅值小于 3.5V，计度器不会计数。

Je2F4087 电能表标准装置电流波形失真度测量时，为什么失真度测量仪不直接接在电能表的电流线圈上，而另串一电阻？对该电阻有何要求？

答：在电流互感器初级回路测定电流波形失真度时，不能直接在电能表电流线圈上测定。

电能表电流线圈系电磁类元件，若在电能表电流线圈上测定，由于其电流和磁通密度及非线性的影响，将引起附加波形失真。

采用串接无感电阻取压降的方法测定电流波形失真度时，电阻应尽量小一些，因阻值过大会增加波形失真。

Je2F4088 预付费电能表在使用中，出现机械计度器比电子计度器计量的电量多，试分析原因。

答：该现象产生的原因主要有：

（1）光电采样部分发生故障。光电头坏了；光电头灵敏度不够，转盘转速过快或反射标志颜色不深，光电头会丢失某些采样，导致电子计度器少计电量；光电传感器安装位置松动，使光反射信号无法接收。

（2）光电采样电路至单片机线路断线或插件接触不良。这样光电采样电路所发的脉冲没有传输到单片机中，因此单片机就没有计数。

（3）单片机死机。机械计度器仍在计量，电子计度器停止了计量。

（4）电压过低。机械部件在电压很低时，仍能工作，而电子部件就不能工作。

（5）电源电路故障。

（6）机械计度器传动比不对。若计度器实际传动比小于额定传动比，机械计度器计量的电量将比实际的多。

（7）光电采样部分抗干扰能力差，整机抗干扰能力差都会导致误差。电子数据存储单元因受到外来干扰，数据、参数会改变，造成电子计度器计量的电量可能变小。

Je2F5089　单相电能表相（火）线、零线颠倒接入对客户用电是否有影响？对电能表的正确计量有没有潜在的影响？

答：（1）单相电能表相（火）线、零线颠倒接入对客户用电没有影响。

（2）由于相线和零线的位置互换后，给客户提供了窃电机会，对电能表的准确度有潜在的影响。因为当客户私自在相线上接负载并接地时，电能表将漏计这部分负载的电能。

（3）当漏计电流很大时，私自接地物即为带电体，且入地处的跨步电压会很大，因此存在安全隐患。

Je2F5090　预付费电能表，在实际运行中，剩余电量为零时表不断电。试分析其原因及处理办法。

答：（1）表内继电器或自动空气开关损坏。当继电器或自动空气开关损坏（如触点烧死）时，单片机发出的断电命令继电器或自动空气开关无法执行，从而造成剩余电量为零时表不断电。处理办法是更换继电器或自动空气开关。

（2）继电驱动电路损坏。当单片机发出断电命令时，因断电驱动电路不能正常工作，造成剩余电量为零时表不断电。处理办法是找出故障点，作相应处理。

Je1F3091　什么是预付费电能表的监控功能？新购入的预付费电能表如何检查这种功能？

答：（1）能实现客户必须先买电后用电的功能。电费将用完时，即电能量剩余数等于设置值时，应发报警信号。电能量剩余数为零时，发出断电信号以控制开关断电，或仅发报警信号，但能按规定作欠费记录。报警的剩余电能数也可根据客户要求确定。

检查方法：设置表计剩余报警电量及购电量（购电量应大于剩余报警电量），将表计通电，看至剩余报警电量及剩余电量为零时，表计是否报警或断电，允许赊欠时，有无欠电量记录。

（2）若使用备用电池，则应有电池电压不正常警告。检查方法：将表断电，装入电压低于报警电压的电池，看有无电池电压不正常告警显示。

Je1F5092　为什么 A/D 转换型电子式多功能电能表不仅能计量有功电能，而且还能计量无功电能？

答： A/D 转换型电子式多功能电能表是通过对被测电路中的电压、电流模拟量精确采样并将采样得到的模拟量转换成数字量，然后再进行数字乘法，即可获得有功功率在采样周期内的平均值。即如果将某段时间内的每一个采样周期的有功功率平均值累加，就可得到这段时间内电路所消耗的有功电能。即

$$P = \frac{1}{T} \int_0^T u(t)i(t)\mathrm{d}t$$
$$= \frac{1}{T} \int_0^T U_m \sin \omega t I_m \sin(\omega t - \varphi)\mathrm{d}t$$
$$= \frac{1}{T} \int_0^T UI[-\cos(2\omega t + \varphi) + \cos\varphi]\mathrm{d}t$$
$$= UI \cos\varphi$$

只要将电流取样值与延时 $\pi/2$（50Hz 时为 5ms）的电压取样值进行数字相乘即可得到无功功率在采样周期 T 内的平均值。即

$$Q = 1/T \int_0^T U_m \sin(\omega t - \pi/2)I_m \sin(\omega t - \varphi)\mathrm{d}t$$
$$= 1/T \int_0^T UT[\sin\varphi - \cos(2\omega t - \varphi - \pi/2)]\mathrm{d}t$$
$$= UI \sin\varphi$$

同样，将某时间内的每一个采样周期的无功功率平均值累加，就可得到这段时间内电路所消耗的无功电能。

这样，A/D转换型电子式多功能电能表就实现了有功、无功电能的计量功能。

Je1F5093　复费率电能表中常用的压敏电阻有什么作用？

答：压敏电阻瞬变干扰吸收元件，属于非线性的半导体电压器件，具有对称而且陡直的击穿特性。主要用于电压比较高的场合，如超过其阈值的电能加在压敏电阻两端会被吸收而转化为热能，只要不超过限定的功率额定值，压敏电阻不会损坏，如超过额定值，压敏电阻会永久性的损坏，而造成短路。压敏电阻自身的导通过程达到纳秒的速度，故电能表如受到雷击等过电压的瞬变干扰时，由于压敏电阻极快的响应速度和较大的脉冲电流吸收能力，能达到较满意的干扰抑制效果。调换压敏电阻应选择适当的功率额定值，同时实验表明干扰抑制效果与压敏电阻安装时引线的长度有关，引线的长度越短越好。一般压敏电阻应与断路器或熔丝配合使用，可避免压敏电阻因过热击穿造成的短路、瞬间炸裂造成的开路等现象对电能表的破坏。

Je1F5094　简述单相复费率电能表主要通信故障和相应的处理方法。

答：电能表的通信故障主要表现在无法抄收。一般有两种情况：① 手掌机发出命令，且通信灯亮，但无法抄收到需要的数据；② 手掌机发出命令后，通信灯不亮，也抄收不到数据。

（1）通信灯亮但无法抄收。通信灯亮说明电能表的CPU已经收到信号，手掌机没有抄收成功可能是手掌机的电源不足。但在显示电能不足之前，手掌机的通信能力已经大大减弱，再加上电能表的通信能力各有差异，就会出现电能表收到信号，通信灯亮但无法抄收到数据的现象。

（2）抄收命令发出通信灯不亮同时也无法抄收。

1）有些制造厂在设置表内存表号的过程中出错，铭牌上的表号与内存的表号不一致，无法进行红外抄收。

2）外加交流电压时，CPU并没有处于工作状态。CPU的正常工作需要两个必要条件：① 晶振提供给CPU工作频率（一般为3.75MHz）；② 电表加有不低于80%的额定电压。一般讲，由于电压下降造成手掌机无法抄收的情况极为罕见。大多是晶振没有立即起振，造成CPU未处在工作状态。

3）其他造成无法抄收的原因不太常见，属于次要原因，如接收管的质量不可靠或接收管与CPU的焊接在工艺上不过关。

处理方法是：通信问题的处理方法较为简单。只要避免人为因素：保证手掌机的电源充足，铭牌与表内号设置无误，焊接工艺过关，以及选取合格的晶振和红外管，就可以避免无法抄收的现象。

Je2F5095　电能表可靠性的含义是什么？

答：电能表可靠性是指在规定条件下和规定时间内，电能表完成规定功能的能力。表示电能表可靠性水平的指标称为可靠性特征量，包括可靠度、失效率、可靠寿命等。

规定的条件是指电能表的使用条件和环境条件。使用条件是指进入电能表或其材料内部起作用的应力条件，如电应力、化学应力和物理应力。环境条件是指在电能表外部起作用的应力条件，如气候条件、机械环境、负荷条件、工作方式等。

规定的时间是指电能表的设计寿命。可靠性随时间的延长而降低，电能表只能在规定时间内达到目标可靠性水平。

规定的功能是指电能表的技术性能指标。完成规定功能就是指电能表满足工作要求而无失效地运行。

技术性能指标和可靠性是表征电能表质量水平的不同方面，技术性能指标是确定性的概念，能用仪器测量出来；可靠性是不确定性概念，是电能表随时间保持功能的能力，遵循一种概率统计规律，无法用仪器测量出来。电能表技术性能指标与可靠性存在极为密切的关系。没有技术性能指标，可靠性就无从谈起；如果电能表不可靠，就容易出现故障或失效，就不好用或根本无法用。所以，电能表的技术性能指标与可靠性无法分割。

4.2 技能操作试题

4.2.1 单项操作

行业：电力工程　　　工种：电能表修校工　　　等级：初

编　号	C05A001	行为领域	d	鉴定范围	1
考核时限	10min	题　型	A	题　分	10
试题正文	对照一块 DD862 型单相感应式电能表，指出下列元件所在部位：电流线圈，电压线圈，上、下轴承，永久磁钢，轻载调整装置				
需要说明的问题和要求	1. 用铅笔或其他物品明确指出上述元件所在部位 2. 单独操作 3. 本项作业时间 10min				
工具、材料、设备、场地	一只 DD862 型单相电能表及相应拆表工具				

	序号	项　目　名　称
评 **分** **标** **准**	1 2 3 4 5	指出电流线圈 指出电压线圈 指出上、下轴承 指出永久磁钢 指出轻载调整装置
	质量要求	指示正确
	得分或扣分	一项指示错误扣 5 分，扣完为止

行业：电力工程　　　　工种：电能表修校工　　　　等级：初

编　号	C05A002	行为领域	d	鉴定范围	1
考核时限	15min	题　型	A	题　分	10

试题正文	清洗一只电能表下轴承

需要说明的问题和要求	1. 本项作业要求将下轴承全部拆散、清洗，并判断此轴承是否合格。清洗完后，将下轴承复原 2. 完成时间为15min

工具、材料、设备、场地	1. 钟表油 2. 放大镜 3. 软绸布 4. 下轴承一只 5. 检修工作台

评分标准		序号	项目名称
		1	拆分下轴承
		2	清洗下轴承
		3	安装下轴承
	质量要求		1. 将下轴承全部拆分 2. 对钢珠、宝石进行清洗并检查、上油 3. 组装正确
	得分或扣分		1. 造成损坏、遗失，扣2分 2. 一处没有清洗，扣1分，没有上油或上油过多，扣1分。判断错误扣6分，扣完为止

行业：电力工程　　　　工种：电能表修校工　　　　等级：初

编　　号	C05A003	行为领域	d	鉴定范围	1
考核时限	20min	题　　型	A	题　　分	20

试题正文	单相电能表的拆卸

需要说明的问题和要求	1. 自带拆卸工具 2. 本项作业要求将电能表内的易损元件(轴承、计度器、转盘等)拆卸下来，并作简单清理 3. 作业时间 20min

工具、材料、设备、场地	1. 修表工作台 2. DD862-4 型单相电能表一只 3. 台灯（60W） 4. 存放零部件的器皿

<table>
<tr><td rowspan="6">评

分

标

准</td><td>序号</td><td>项　目　名　称</td></tr>
<tr><td>1</td><td>电能表拆卸</td></tr>
<tr><td>2</td><td>简单清理</td></tr>
<tr><td>3</td><td>表内检查</td></tr>
<tr><td>质量要求</td><td>1. 将电能表上、下轴承，转盘，计度器拆下
2. 紧固表内所有固定螺钉(调整螺钉除外)，清除螺钉上毛刺
3. 清除表内杂物，检查线圈及引线绝缘，清除磁钢内铁屑</td></tr>
<tr><td>得分或扣分</td><td>1. 少拆一件扣 5 分
2. 漏紧一处扣 2 分
3. 未检查扣 2 分，未清除杂物和铁屑扣 3 分</td></tr>
</table>

编　　号	C05A004	行为领域	e	鉴定范围	2
考核时限	40min	题　　型	A	题　　分	30
试题正文	单相感应式电能表的检定				
需要说明的问题和要求	1. 检定以下项目 1.1　潜动试验 1.2　起动试验 1.3　测定基本误差 2. 填写原始记录和证书 3. 被检表看成已经过预热 4. 即使不合格，也不调整				
工具、材料、设备、场地	1. 电能表检定实验室 2. 被试单相电能表一只				

	序号	项　目　名　称
评 分 标 准	1	起动试验
	2	潜动试验
	3	预置数的计算
	4	误差测量
	5	数据处理
	6	检定记录和证书的填写
	质量要求	1. 起动试验操作符合规程要求，分析判断是否合格 2. 潜动试验按规程进行分析 3. 正确计算预置数并进行设置 4. 按规程校验点进行误差测量，并进行记录分析 5. 对测量原始数据进行正确处理 6. 正确填写，内容完整，书面整洁
	得分或扣分	1. 未按规程操作扣 5 分，不能判断扣 3 分 2. 未按规程操作扣 5 分，不能判断扣 3 分 3. 不能计算扣 5 分，不能正确设置扣 2 分 4. 不能正确测量误差扣 15 分，每漏校验一点扣 2 分，每错测一点扣 2 分 5. 不能进行处理扣 5 分，每错一项扣 1 分 6. 不能填写扣 5 分，每漏一项或错填一项扣 1 分，不整洁扣 1 分

编　　号	C05A005	行为领域	d	鉴定范围	1
考核时限	20min	题　　型	A	题　　分	15

| 试题正文 | 拆修一只计度器 | | | | |

| 需要说明的问题和要求 | 1. 本作业要求将一只计度器全部拆散后，检查齿轮传动比是否正确，然后将计度器回零装好
2. 本作业完成时间为20min | | | | |

| 工具、材料、设备、场地 | 一只计度器及常用工具 | | | | |

评分标准	序号	项　目　名　称			
	1	拆分计度器			
	2	检查计度器			
	3	组装计度器			
	质量要求	1. 全部拆散后摆放整齐 2. 所有字轮、齿轮均要检查 3. 安装后翻转正常，指示数为0			
	得分或扣分	1. 漏拆一处扣2分 2. 漏检一处扣2分 3. 装错一个齿轮扣5分 4. 安装后翻转不正常，示数不为0各扣3分			

行业：电力工程　　　　工种：电能表修校工　　　　等级：初、中

编　　号	C54A006	行为领域	d	鉴定范围	3
考核时限	40min	题　　型	A	题　　分	15

试题正文	组装一只 DD862 型单相感应式电能表

需要说明的问题和要求	1. 独立完成 2. 组装完毕的电能表由考评员检查，在 I_b，$\cos\phi=1.0$ 时的误差应小于 4%

工具、材料、设备、场地	1. 一只 DD862 型表的零部件 2. 检修用工作台

<table>
<tr><td rowspan="15">评
分
标
准</td><td>序号</td><td colspan="2">项　目　名　称</td></tr>
<tr><td>1</td><td colspan="2">计度器的组装</td></tr>
<tr><td>2</td><td colspan="2">电磁元件的组装</td></tr>
<tr><td>3</td><td colspan="2">上、下轴承的组装</td></tr>
<tr><td>4</td><td colspan="2">永久磁钢的组装</td></tr>
<tr><td>5</td><td colspan="2">转动元件的组装</td></tr>
<tr><td rowspan="5">质量
要求</td><td colspan="2">1. 检查计度器</td></tr>
<tr><td colspan="2">2. 位置正确、牢固</td></tr>
<tr><td colspan="2">3. 正确、牢固</td></tr>
<tr><td colspan="2">4. 正确、牢固</td></tr>
<tr><td colspan="2">5. 松紧适度</td></tr>
<tr><td rowspan="5">得分或
扣分</td><td colspan="2">1. 计度器字轮的数字应处在同一水平线(末位除外)，否则扣 2 分</td></tr>
<tr><td colspan="2">2. 齿轮与蜗杆啮合过深、过松扣 2 分，未啮合扣 4 分</td></tr>
<tr><td colspan="2">3. 螺钉、螺母未拧紧扣 2 分，漏装也扣 2 分</td></tr>
<tr><td colspan="2">4. 圆盘擦碰磁钢或电磁元件扣 3 分</td></tr>
<tr><td colspan="2">5. 组装好的表误差达不到要求，酌情扣 5～10 分</td></tr>
</table>

293

编　　号	C04A007	行为领域	e	鉴定范围	
考核时限	30min	题　　型	A	题　　分	20

试题正文	对一单相复费率电能表进行综合抄读

需要说明的问题和要求	要求用手掌机抄出表号、费率时段、表内时钟、平谷段电量等

工具、材料、设备、场地	1. 单相复费率电能表一只 2. 对应的手掌机一只 3. 单相电能表检定装置一台

评分标准		序号	项　目　名　称
		1	电能表接线通电
		2	抄收并将抄读结果记录到纸上
	质量要求		1. 正确接线 2. 抄读参数完整、正确
	得分或扣分		1. 操作正确，10分 2. 抄读正确，10分，抄读错漏一项扣2.5分

行业：电力工程　　　　工种：电能表修校工　　　　等级：中

编　号	C04A008	行为领域	e	鉴定范围	4
考核时限	30min	题　型	A	题　分	20

试题正文	利用自检线路检定一台电压互感器的 100V/100V 档

需要说明的问题和要求	1. 独立完成 2. 正确回答应知问题 3. 正确进行数据化整 4. 判断互感器该变比误差是否合格

工具、材料、设备、场地	1. 环境条件满足规定的互感器检定试验室 2. 互感器校验仪 3. 电压负载箱 4. 电源设备（包括升压器和调节装置）

	序号	项　目　名　称
评 分 标 准	1	使用自检线路的条件（提问）
	2	正确接线
	3	正确操作互感器校验仪
	4	数据化整
	质量要求	1. 当被检电压互感器额定电压比为 1 时，可按自校线路图进行检定 2. 按照电压互感器规程规定的自检线路正确接线 3. 正确进行极性判断和误差测试 4. 判断被检电压互感器误差是否合格，应以修约后数据为准，要求正确化整
	得分或扣分	1. 回答不正确扣 5 分 2. 接线不正确扣 5 分 3. 操作错误扣 6 分 4. 数据化整错误扣 2 分，判断错误扣 2 分

编　　号	C04A009	行为领域	e	鉴定范围	4
考核时限	40min	题　型	A	题　　分	20
试题正文	室内检定低压电流互感器				
需要说明的问题和要求	1. 本项目作业从人员进入考场到填写检定证书或（结果通知书）全部完成时间为40min 2. 自带常用工具、书写计算用品、绝缘鞋、工作服 3. 检定项目中，工频耐压试验免做，极性检查使用互感器校验仪进行 4. 对被检定互感器，选定其中一个变比进行检定 5. 操作过程中，严格遵守有关安全规定并由一名监考人员进行监护				
工具、材料、设备、场地	1. 0.01 级电流互感器标准装置，测量范围为 5～1000/5A，含标准电流互感器，电流负载箱，互感器校验仪、升流器，监视仪表及专用一、二次导线、电源调节设备 2. LMZ1-0.5 型、0.2级多变比穿芯式低压电流互感器 3. 500V 绝缘电阻表、万用表 4. 退磁设备 5. 活动扳手一套、螺丝刀一套、计时器 6. 检定原始记录、检定证书、检定结果通知书各一份 考场应按互感器检定室要求布置，有温、湿度调节设备，光线充足，有稳定的 220V 交流电源，设温、湿度计，安全设施齐全，一次设备距离二次设备达 3m 以上，有专用地线				

	序号	项　目　名　称
评 分 标 准	1	准备工作
	2	绝缘电阻测定
	3	误差测量
	4	填写记录、证书
	5	检定完毕
	质量要求	1. 入场后首先应抄取设备铭牌、温湿度值，读取准确 2. 应在被检互感器未接线的情况下，正确使用兆欧表进行测定 3. 误差测量应按指定的变比正确接线，电流应均匀缓慢的升降，数值稳定后读数，转换被检互感器二次负载时，应将测试电流降至零 4. 书写规范，数据化整正确，结论准确 5. 拆除接线，设备挡位、开关复原，工具摆放有序
	得分或扣分	1. 抄取错误一项扣 1 分 2. 使用不正确扣 3 分，测定中不遵守有关安全规定扣 3 分 3. 操作出错，酌情扣 2～5 分 4. 书写不规范扣 3 分，数据化整错误一项扣 2 分，结论错误扣 5 分 5. 未做到，扣 1～2 分

行业：电力工程　　　　工种：电能表修校工　　　　等级：中

编　　号	C04A010	行为领域	e	鉴定范围	3
考核时限	70min	题　　型	A	题　　分	25

试题正文	三相三线有功电能表的检定

需要说明的问题和要求	1. 起动试验 2. 潜动试验 3. 预置数的计算 4. 误差的测量 5. 数据处理及检定记录与证书的填写 6. 不考虑自热影响，直接完成以上项目 7. 即使电能表不合格，也不调整

工具、材料、设备、场地	1. 电能表检定室内 2. DS864-4 型、1.0 级三相三线有功电能表一只

<table>
<tr><td rowspan="11">评
分
标
准</td><td>序号</td><td colspan="2">项　目　名　称</td></tr>
<tr><td>1</td><td colspan="2">起动试验</td></tr>
<tr><td>2</td><td colspan="2">潜动试验</td></tr>
<tr><td>3</td><td colspan="2">预置数的计算，设置</td></tr>
<tr><td>4</td><td colspan="2">误差的测量</td></tr>
<tr><td>5</td><td colspan="2">误差数据处理及检定记录和证书的填写</td></tr>
<tr><td>质量
要求</td><td colspan="2">1. 正确完成起动试验过程
2. 正确完成潜动试验过程
3. 准确迅速完成预置数的计算设置
4. 正确完成误差的测量过程
5. 误差数据化整正确，原始记录证书填写正确、整洁、内容完整</td></tr>
<tr><td>得分或
扣分</td><td colspan="2">1. 不能完成扣 5 分，经提示完成扣 3 分
2. 不能完成扣 5 分，经提示完成扣 3 分
3. 不能正确计算扣 5 分，不能正确预置扣 2 分
4. 按 JJG 307—2006《机电式交流电能表》要求，装置操作不正确扣 3 分，每漏掉一个校验点扣 1 分，直至扣完为止
5. 误差数据化整错误扣 3 分，原始记录、证书不完整，不整洁各扣 2 分</td></tr>
</table>

编　　号	C04A011	行为领域	e	鉴定范围	5
考核时限	15min	题　型	A	题　分	10

试题正文	用便携式钳形相位伏安表测量线路的相序和功率因数

需要说明的问题和要求	1. 独立完成 2. 记录并计算出 A 相、C 相的功率因数 3. 计算器自备

工具、材料、设备、场地	1. 在模拟屏或现场进行 2. 运行中的三相三线有功电能表一只

评分标准	序号	项　目　名　称
	1 2	测量线路的相序 测量功率因数
	质量要求	1. 方法正确 2. 方法、计算正确
	得分或扣分	1. 钳形表量程错误扣 2 分，不会判断扣 5 分 2. 测量不出 ϕA、ϕC 扣 5 分 　计算 cosϕA、cosϕC 出错扣 1 分

编　　号	C43A012	行为领域	f	鉴定范围	1
考核时限	30min	题　型	A	题　　分	15
试题正文	填写变电第一种工作票				
需要说明的问题和要求	1. 本项作业全部完成时间为30min 2. 自带书写用品 3. 以指定的开关测电流互感器的比差、角差，为工作内容填写工作票（只填写工作负责人的内容）				
工具、材料、设备、场地	1. 变电第一种工作票一张 2. 变电站一次线路图				

	序号	项 目 名 称
评分标准	1	填写工作任务、计划工作时间、安全措施
	2	应拉开断路器和隔离开关
	3	应装接地线
	4	应设遮栏和标示牌
	质量要求	1. 填写规范，内容完整、正确 2. 应填写所拉开的断路器和断路器两侧的隔离开关 3. 应在断路器与两侧的隔离开关之间分别验电接地 4. 在断路器KK把手及两侧隔离开关的操作把手上挂"禁止合闸，有人操作"标示牌，在断路器周围设遮栏，挂"在此工作"标示牌
	得分或扣分	1. 填写不规范扣2分，内容不齐全扣2分 2. 断路器和隔离开关填写错误扣2分 3. 未填写扣5分 4. 未填写扣5分

行业：电力工程　　　工种：电能表修校工　　　等级：中、高

编　号	C43A013	行为领域	e	鉴定范围	7、6
考核时限	60min	题　型	A	题　分	20

试题正文	模拟现场，检验一台 10kV 电压互感器

需要说明的问题和要求	1. 仅做极性检查、误差测试，误差结果要求化整 2. 注意安全 3. 现场出现异常，停止考核退出现场

工具、材料、设备、场地	1. 足够的场地 2. 被试品两台（其中一台作升压器使用） 3. 提供调压器、标准 TV 一台、负荷箱、校验仪、导线等 4. 必要的操作工具及万用表一只

评分标准		序号	项　目　名　称
		1	选用标准 TV 等级及负荷箱容量
		2	导线连接
		3	极性检查
		4	误差测试
	质量要求		1. 选择正确 2. 正确连接 3. 操作正确 4. 操作正确
	得分或扣分		1. 一项选择错误扣 3 分 2. 连接完未检查扣 1~3 分，接错一处扣 2 分 3. 经提示操作正确扣 5 分 4. 测试点不全扣 3 分，误差化整错误扣 5 分

行业：电力工程　　　　工种：电能表修校工　　　　等级：高

编　号	C03A014	行为领域	e	鉴定范围	2
考核时限	30min	题　型	A	题　分	15

试题正文	对一单相复费率电能表进行编程操作

需要说明的问题和要求	1. 时间为30min 2. 装置操作正确 3. 考评员现场给出时段

工具、材料、设备、场地	1. 单相复费率电能表一只 2. 对应的手掌机（编程器）一只 3. 单相电能表检定装置一台

评 分 标 准	序号	项 目 名 称
	1	电能表接线通电
	2	设置时间
	3	设置时段
	质量要求	1. 正确接线 2. 编程正确 3. 编程方法正确
	得分或扣分	1. 操作正确3分 2. 编程正确4分 3. 编程正确、完整8分

行业：电力工程　　　　工种：电能表修校工　　　　等级：高

编　　号	C03A015	行为领域	e	鉴定范围	1
考核时限	40min	题　　型	A	题　　分	20
试题正文	单相预付费电能表基本功能检查				
需要说明的问题和要求	对电能表计量、监控、记忆、辨伪、显示、叠加、自动冲减等功能进行检查，并判断是否合格				
工具、材料、设备、场地	1. 单相电能表检定装置 2. 电子单相预付费电能表一只				

评分标准	序号	项　目　名　称
	1	检查计量功能
	2	检查监控功能
	3	检查记忆功能
	4	检查辨伪功能
	5	检查显示功能
	6	检查叠加功能
	7	检查自动冲减功能
	质量要求	各项检查操作方法及检查结论正确
	得分或扣分	一项不正确扣5分，扣完为止

302

行业：电力工程　　　工种：电能表修校工　　　等级：高、技

编　号	C32A016	行为领域	e	鉴定范围	4
考核时限	40min	题　型	A	题　分	15

试题正文	测定电能表标准装置电压回路接入标准表与被检表端钮间的电位差

需要说明的问题和要求	1. 注意安全，严禁电压回路短路、损坏装置 2. 要求单独进行操作 3. 根据测量结果判断该指标是否满足要求

工具、材料、设备、场地	1. 电能表检定室内 2. 三相电能表检定装置一台 3. 交流毫伏电压表一只

<table>
<tr><td rowspan="3">评
分
标
准</td><td>序号</td><td colspan="2">项　目　名　称</td></tr>
<tr><td>1

2

3

4</td><td colspan="2">检定装置的正确操作

选择测试设备接线

电位差的测试

判断电位差是否满足要求</td></tr>
<tr><td>质量要求</td><td colspan="2">1. 正确操作，电压档位选择正确
2. 正确选择测试设备，正确选择同相电压回路间的两个接入点
3. 正确测试，高端、低端分别测试
4. 能正确判断</td></tr>
<tr><td></td><td>得分或扣分</td><td colspan="2">1. 装置操作不正确扣 2 分
2. 不能正确选择测试设备扣 2 分，接入点选择不正确扣 3 分
3. 高端、低端每漏一项扣 2 分
4. 不能判断扣 5 分</td></tr>
</table>

编　号	C32A017	行为领域	e	鉴定范围	4
考核时限	30min	题　型	A	题　分	20

试题正文	在室内测试一台电子式三相电能表检定装置的输出电压、电流的波型失真度和输出电流、电压的相序

需要说明的问题和要求	1. 考核时间为 30min 2. 装置、仪器操作无误。方法正确，仪器档位适当

工具、材料、设备、场地	1. 电能表检定装置(电子型)一台，失真度仪、相位表、定值无感电阻各一只 2. 自带相序表

<table>
<tr><td rowspan="4">评

分

标

准</td><td colspan="2">序号</td><td colspan="3">项　目　名　称</td></tr>
<tr><td colspan="2">1

2

3

4</td><td colspan="3">测试输出电压波形失真度

测试输出电流波形失真度

测试输出电压的相序

测试输出电流的相序</td></tr>
<tr><td colspan="2">质量
要求</td><td colspan="3">各项测试方法正确、操作熟练、结果正确</td></tr>
<tr><td colspan="2">得分或
扣分</td><td colspan="3">1. 前两项各 6 分，后两项各 4 分
2. 方法错误，该项不得分。方法正确但结论错误扣一半分</td></tr>
</table>

行业：电力工程　　　　工种：电能表修校工　　　　等级：高、技

编　　号	C32A018	行为领域	e	鉴定范围	6、7
考核时限	40min	题　型	A	题　分	30
试题正文	试用相量图法现场带电检查60°无功电能表（DX863型）接线				
需要说明的问题和要求	1. 考评员现场设置电流回路错接线（任设一种） 2. 考生判断错误接线类型并更正 3. 计算出更正系数				
工具、材料、设备、场地	1. 钳型相位伏安表 2. 模拟盘 3. 其他常用工具、仪表				

评分标准		序号	项　目　名　称
		1	画出错误接线相量图，判别并更正接线
		2	计算更正系数
	质量要求		1. 正确判断错误接线并更正接线 2. 正确写出错误接线的功率表达式并计算更正系数
	得分或扣分		1. 相量图正确得10分，正确判断故障得5分，正确更正接线得5分 2. 错接线功率表达式正确得5分，更正系数正确得5分

305

编　号	C02A019	行为领域	e	鉴定范围	1
考核时限	30min	题　型	A	题　分	20

试题正文	测试一台三相电能表检定装置在三相三线 $\cos\phi=1.0$、5A 时的标准偏差估计值

需要说明的问题和要求	1. 单独操作 2. 遵守检定装置操作规程 3. 操作前先叙述测试方法

工具、材料、设备、场地	1. 三相电能表检定装置一台 2. 电能表检定试验室 3. 性能稳定的标准表一只

评分标准		序号	项　目　名　称
		1	叙述测试方法
		2	接线
		3	测试
		4	计算标准偏差估计值
	质量要求		1. 叙述正确 2. 接线正确 3. 测试方法正确 4. 计算方法、结果正确
	得分或扣分		1. 方法不正确，全题不得分 2. 接线错误扣 15 分 3. 违反操作规程 1 次扣 3 分，测试结果不正确扣 10 分，扣完为止 4. 计算错误扣 5 分

4.2.2 多项操作

行业：电力工程　　　　工种：电能表修校工　　　　　等级：初

编　　号	C05B020	行为领域		e	鉴定范围	3
考核时限	50min	题　　型		B	题　分	25

试题正文	调整一只感应系单相有功电能表，使其误差满足规程要求
需要说明的问题和要求	1. 独立完成 2. 回答完一般调整顺序后开始操作 3. 做好原始记录并填写证书
工具、材料、设备、场地	1. 误差已调整为不合格的单相表一只 2. 0.3级及以上等级单相电能表标准装置一只 3. 满足实验室检定的环境条件 4. 必要的工具

	序号	项　目　名　称
评 分 标 准	1	说明调整顺序
	2	粗测电能表误差
	3	调整误差
	4	盖好大盖后检定
	质量要求	1. 顺序正确 2. 操作正确 3. 操作正确 4. 操作正确
	得分或扣分	1. 错误扣2～5分 2. 操作有误或漏掉此项扣5分 3. 该调整的地方未调整扣10分，不会调整扣20分 4. 误差化整错误扣5分，误差调整方法正确，但调不合格，酌情扣10～15分

行业：电力工程　　　　工种：电能表修校工　　　　等级：中

编　　号	C04B021	行为领域	e	鉴定范围	2
考核时限	100min	题　型	B	题　　分	25
试题正文	调整一只感应系三相三线有功电能表，使其误差满足规程要求				
需要说明的问题和要求	1. 独立完成 2. 回答完一般调整顺序后开始操作 3. 误差数据调整并填写证书（仅填调整后误差，其余项不填） 4. 由考评员确定检定哪几个负荷点				
工具、材料、设备、场地	1. 误差已调整为不合格的三相三线表一只 2. 三相电能表标准装置一台 3. 满足实验室检定的环境条件 4. 必要的工具				

评分标准	序号	项　目　名　称	
	1	说明调整顺序	
	2	粗测电能表误差	
	3	调整误差	
	4	盖好大盖后检定	
	质量要求	1. 顺序正确 2. 操作正确 3. 操作正确 4. 操作正确	
	得分或扣分	1. 错误扣 2～5 分 2. 接线出错或漏掉此项扣 5 分 3. 该调整的地方未调整扣 10 分，不会调整扣 20 分 4. 误差化整错误扣 5 分，误差调整方法正确，但调不合格，酌情扣 10～15 分	

编　　号	C04B022	行为领域	e	鉴定范围	1
考核时限	90min	题　型	B	题　分	20

试题正文	全自动电子式三相台的操作

需要说明的问题和要求	1. 独立操作电子式三相台 2. 完成三只三相三线有功电能表的全自动检定（仅作基本误差测试），并打印出原始记录

工具、材料、设备、场地	1. 全自动三相电能检定装置一台 2. 三只同规格的三相三线有功电能表

评分标准	序号	项　目　名　称
	1	检定线路连接
	2	检定参数设置
	3	自动误差测试
	4	打印原始记录
	质量要求	1. 接线正确 2. 设置正确 3. 测试方法正确 4. 操作正确
	得分或扣分	1. 接线不正确扣 4 分，经提示改正扣 5 分 2. 参数设置出错扣 5～10 分 3. 操作出错扣 5 分 4. 操作出错扣 5 分

行业：电力工程　　　　工种：电能表修校工　　　　等级：中

编　号	C04B023	行为领域	d	鉴定范围	3
考核时限	60min	题　型	B	题　分	30

试题正文	三相电能表的组装

需要说明的问题和要求	1. 全部完成时间为60min 2. 自带常用工具，但不准使用专用工具、工装模具

工具、材料、设备、场地	检修工作台 DS864-4型电能表解体件（解体件除表壳、端钮盒、制动磁钢、电压和电流元件保持整体外，表内可拆零部件全部拆开） 台灯（60W）、放大镜、表油、存放零件的器皿、计时器

评分标准	序号	项　目　名　称
		组装成整表
	质量要求	1. 驱动元件对称于圆盘轴，其间隙平衡；圆盘平整并在制动磁钢和驱动元件工作气隙中间 2. 齿轮与螺杆的啮合深度为齿高的1/2～1/3 3. 计度器字轮的数字全为9，且数字处在同一水平线（末位字轮除外）；计度器进位正常 4. 上下轴承组装正确 5. 表内、制动磁钢内无铁屑、杂物；导线固定或焊接牢固，布线整齐；铭牌端正 6. 现场整洁，工具、表计摆放有序
	得分或扣分	1. 装配不当扣除10分，圆盘擦盘扣10分 2. 啮合过深、过松扣3分，不啮合扣5分 3. 达不到要求扣5分 4. 组装不熟练扣5分 5. 一项达不到扣2分 6. 特别不整齐扣5分，较不整齐扣2分

行业：电力工程　　　　工种：电能表修校工　　　　等级：中

编　　号	C04B024	行为领域	e	鉴定范围	3
考核时限	40min	题　型	B	题　分	25
试题正文	检定一只感应式三相三线无功电能表（60°）				

需要说明的问题和要求	1. 起动试验 2. 潜动试验 3. 基本误差测定 4. 检定记录与证书的填写 5. 即使电能表不合格，也不调整
工具、材料、设备、场地	1. 三相电能表检定装置一台 2. 三相三线无功电能表一块 3. 电能表检定工具一套

评分标准		序号	项 目 名 称
		1	启动试验
		2	潜动试验
		3	误差的测量
		4	数据处理及证书填写
	质量要求		1. 操作方法正确 2. 操作方法正确 3. 正确完成误差的测量过程 4. 误差数据化整正确，记录、证书填写正确
	得分或扣分		1. 不能完成扣 5 分，经提示完成扣 3 分 2. 不能完成扣 5 分，经提示完成扣 3 分 3. 操作出错一处扣 2 分，漏一个检定点扣 1 分 4. 化整出错扣 3 分，检定记录、证书不完整，不整洁各扣 2 分

行业：电力工程　　　　工种：电能表修校工　　　　等级：高

编　　号	C03B025	行为领域	e	鉴定范围	5
考核时限	40min	题　　型	B	题　分	30

试题正文	分析判断高压电能计量装置接线错误 分析判断电流、电压各一相极性错误的接线

需要说明的问题和要求	1. 单独操作 2. 先画相量图，再进行判断 3. 本项作业 40min

工具、材料、设备、场地	1. 计量模拟屏一块 2. 电流、电压、相位测试工具仪器 3. 相应的工具材料

评分标准		序号	项　目　名　称
		1	判断一相电流极性错误接线
		2	判断一相电压极性错误接线
	质量要求		1. 正确画出相量图 2. 正确画出相量图后再判断
	得分或扣分		1. 相量图不正确扣 5 分，判断不正确扣 10 分 2. 相量图不正确扣 5 分，判断不正确扣 10 分

行业：电力工程　　　工种：电能表修校工　　　等级：高

编　　号	C03B026	行为领域	e	鉴定范围	2
考核时限	80min	题　型	B	题　分	30

试题正文	在室内检定一只三相三线有功分时电能表，并设定时段

需要说明的问题和要求	1. 口述测定日计时误差和测定时段投切误差的方法 2. 确定电源中断影响 3. 平衡负载下基本误差测定 4. 时段由考评员现场给出

工具、材料、设备、场地	1. 自带常用工具、万用表等 2. 三相电能表检定装置一台 3. 分时表一只及其编程器一个 4. 分时表使用说明书一份

<table>
<tr><td rowspan="13">评

分

标

准</td><td colspan="2">序号</td><td colspan="2">项　目　名　称</td></tr>
<tr><td colspan="2">1</td><td colspan="2">口述日计时误差和时段投切误差的测定方法</td></tr>
<tr><td colspan="2">2</td><td colspan="2">确定电源中断影响</td></tr>
<tr><td colspan="2">3</td><td colspan="2">平衡负载下基本误差测定</td></tr>
<tr><td colspan="2">4</td><td colspan="2">设置时段</td></tr>
<tr><td rowspan="4">质量
要求</td><td colspan="3">1. 口述正确
2. 方法正确
3. 测试方法正确，测量点完整
4. 设置正确</td></tr>
<tr></tr>
<tr></tr>
<tr></tr>
<tr><td rowspan="4">得分或
扣分</td><td colspan="3">1. 两项误差的测试方法回答不正确，各扣5分
2. 操作方法不正确扣5分，判断出错扣3分
3. 测试方法不正确扣5分，漏检一点扣2分
4. 时段设置不正确扣10分</td></tr>
<tr></tr>
<tr></tr>
<tr></tr>
</table>

行业：电力工程　　　　工种：电能表修校工　　　　等级：高

编　　　号	C03B027	行为领域	e	鉴定范围	6
考核时限	30min	题　型	B	题　分	15

试题正文	电能表现场接线检查

需要说明的问题和要求	1. 本项作业要求能判断出电能表的实际接线类型，计算出更正系数，并能根据电能表计度器指示数计算出追补电量，功率因数以现场实际功率因数为准。错接线不需要恢复 2. 本项作业全部完成时间为30min 3. 遵守有关安全规定 4. 考评员现场设置错误接线

工具、材料、设备、场地	1. 电能表现场接线模拟屏 2. 功率、相位表各一只 3. 相序表一只 4. 计算器一台

评分标准	序号	项　目　名　称
	1 2 3	电能表误接线判断 计算更正系数 计算追补电量
	质量要求	1. 能正确判断出电能表实际接线情况，方法不限 2. 列出误接线时电能表各元件功率表达式及基本计算过程 3. 根据题目写出计算公式，并正确计算出追补电量
	得分或扣分	1. 判断错误不给分 2. 功率表达式错误扣10分，计算错误扣5分 3. 公式错误扣5分，计算错误扣2分

行业：电力工程　　　　工种：电能表修校工　　　　等级：高

编　号	C03B028	行为领域	e	鉴定范围	1
考核时限	60min	题　型	B	题　分	30
试题正文	用三相电能表检定装置检定一只 1.0 级三相三线全电子式电能表				
需要说明的问题和要求	1. 独立完成检定工作 2. 根据检定结果出报告				
工具、材料、设备、场地	1. 环境符合规定的电能表检定试验室 2. 三相电能表检定装置 3. 1.0 级三相三线全电子式电能表 4. 常用接线工具及误差测试线				

评分标准		序号	项　目　名　称
		1	直观检查
		2	起动试验
		3	潜动试验
		4	基本误差测定
		5	测试并计算标准偏差估计值
		6	出具检定报告
	质量要求		1. 外部、内部检查均应符合规程规定要求 2. 方法正确 3. 方法正确 4. 操作正确，测试点完整，测量结果正确 5. 测试、计算正确 6. 按规程要求认真填写
	得分或扣分		1. 漏检一项扣 1 分 2. 方法错误扣 5 分 3. 方法错误扣 5 分 4. 漏一个测试点扣 2 分，测量方法不正确扣 10 分 5. 测试方法不正确扣 5 分，计算错误扣 5 分 6. 涂改或错误一处扣 2 分

行业：电力工程　　　　工种：电能表修校工　　　　等级：高

编　　号	C03B029	行为领域	e	鉴定范围	7
考核时限	60min	题　　型	B	题　　分	30
试题正文	三相三线计量时，电流互感器误差的现场测试及合成误差计算				

需要说明的问题和要求	1. 本项作业全部完成时间为 60min 2. 自带常用工具、书写计算用品、绝缘鞋、工作服 3. 操作过程中，严格遵守有关安全规定，并由一名监考人员进行监护

工具、材料、设备、场地	1. 模拟现场的两台电流互感器 2. 0.01 级标准电流互感器 3. 升流器 4. 互感器校验仪 5. 监视仪表及专用一、二次导线，电源调节设备 6. 变电第一种工作票一张

	序号	项　目　名　称
评 分 标 准	1	填写变电第一种工作票
	2	电流互感器误差的现场测试
	3	填写测试记录，办理工作票终结手续
	4	合成误差的计算
	质量要求	1. 填写规范 2. 方法正确、安全 3. 填写规范 4. 计算准确无误 5. 现场整洁，工具、表计摆放有序
	得分或扣分	1. 填写不规范、不完整扣 5 分 2. 接线错误扣 5 分，操作不熟练扣 5 分 3. 填写不规范、不正确扣 5 分 4. 计算公式不正确扣 5 分，计算结果不正确扣 5 分

行业：电力工程　　　　工种：电能表修校工　　　　等级：高

编　　号	C03B030	行为领域	e	鉴定范围	1
考核时限	40min	题　型	B	题　分	15

试题正文	测定电子式电能表的标准偏差估计值

需要说明的问题和要求	1. 单独完成测定 2. 能计算出标准偏差估计值 3. 本项作业时间 40min

工具、材料、设备、场地	1. 电能表检定室内 2. 电能表装置一台、被检电子式电能表一只

评 分 标 准	序号	项 目 名 称
	1	检定接线
	2	正确选择测试点
	3	测试并计算标准偏差估计值
	4	分析判断
	质量要求	1. 接线迅速正确，正确操作装置 2. 标准偏差估计值测试点选择要正确 3. 正确测试，正确计算 4. 据计算出的标准偏差估计值分析判断电子式电能表标准偏差估计值是否超差
	得分或扣分	1. 接线不正确扣 3 分 2. 每漏掉一个测试点扣 2 分 3. 测试不正确扣 3 分，计算不正确扣 2 分 4. 判断方法错误扣 5 分

行业：电力工程　　　　工种：电能表修校工　　　　等级：高、技

编　号	C32B031	行为领域	e	鉴定范围	5
考核时限	15min	题　型	B	题　分	15

试题正文	恢复互感器标准装置，并完成互校220V/100V互感器检定接线

需要说明的问题和要求	1. 独立完成 2. 接好检定线路后，将所有开关及档位置于正常检定时的位置

工具、材料、设备、场地	1. 断开装置上所有连线后的互感器标准装置一台 2. 0.1级和0.5级220V/100V互感器各一台

评分标准		序号	项　目　名　称
		1	恢复互感器操作装置连线
		2	检定线路连接
		3	置开关档位
	质量要求	1. 正确连接 2. 正确连接 3. 正确无误	
	得分或扣分	1. 连接一处出错扣3分 2. 连接一处出错扣3分 3. 置错一处扣3分	

行业：电力工程　　　　工种：电能表修校工　　　　等级：技

编　号	C02B032	行为领域	e	鉴定范围	5
考核时限	60min	题　型	B	题　分	20

试题正文	一个低压三相客户，客户报装容量为 45kW，试为其选配电能表、互感器，并安装接线
需要说明的问题和要求	1. 单独完成，注意安全 2. 接线中，防止 TA 二次回路开路 3. 本项作业时间 60min
工具、材料、设备、场地	1. 模拟盘或实际客户处 2. 自带常用工具及万用表

评分标准		序号	项　目　名　称
		1	电流互感器、电能表的选择
		2	电流互感器的接线
		3	电能表的接线
		4	清理场地
	质量要求		1. 正确选择电流互感器和电能表 2. 电流互感器一次、二次接线正确 3. 电能表电压接线正确，电流回路接线正确 4. 场地整洁
	得分或扣分		1. 每错选一项扣 5 分 2. 接线出错酌情扣 5～10 分 3. 任一相电压接错扣 2 分，电流回路接线任一相接错扣 2 分 4. 未清理场地扣 2 分

行业：电力工程　　　　工种：电能表修校工　　　　等级：技

编　号	C02B033	行为领域	e	鉴定范围	6
考核时限	60min	题　型	B	题　分	25

试题正文	TV二次回路压降现场测试（模拟装置）

需要说明的问题和要求	1. 本项作业从考生进入场地到计算出测试结果，全部完成时间为60min 2. 自带常用工具、书写计算用品、绝缘鞋、工作服 3. 操作过程中，严格遵守有关安全规定，并由一名监考人员进行监护 4. 压降测试在指定的两处电压端上进行

工具、材料、设备、场地	1. TV二次回路压降测试仪及测试专用导线 2. 现场模拟装置 3. 测试记录、变电第二种工作票

评分标准		序号	项 目 名 称
		1	填写工作票
		2	TV二次回路压降测试
		3	填写测试记录，办理工作票终结手续
		4	计算出压降值，并判断是否合格
	质量要求		1. 填写规范，安全措施齐全 2. 按照压降测试仪说明书上的操作步骤和方法进行操作，数据读取准确，严格遵守有关安全规定 3. 填写规范，计算准确
	得分或扣分		1. 填写错误或漏填一处扣2分 2. 操作错误一次扣10分，数据读取错误扣3分，造成电压回路短路全题不得分 3. 填写不规范扣5分 4. 计算公式错误扣5分，判断错误扣5分

4.2.3　综合操作

行业：电力工程　　　工种：电能表修校工　　　等级：初、中

编　号	C54C034	行为领域		e	鉴定范围	6、5
考核时限	40min	题　型		C	题　分	30
试题正文	现场检验运行中的高压三相有功电能表					
需要说明的问题和要求	1. 独立完成，考评员监护 2. 由考评员现场设置常见错误接线一种 3. 就现场检验有关规定至少提两个问题 4. 填写工作票 5. 检查错误接线并改正 6. 测定实负荷下电能表误差					
工具、材料、设备、场地	1. 第二类工作票 2. 模拟盘 3. 电能表现场校验仪一台（带相量图显示） 4. 连接导线及其他必要工具					

评分标准	序号	项　目　名　称
	1	回答现场检验有关规定
	2	填写工作票
	3	按比较法接线
	4	判断错误接线并改正
	5	测定实负荷下的误差
	6	加封印
	质量要求	1. 回答正确 2. 整洁、无遗漏 3. 接线正确、牢固 4. 判断、改正正确 5. 操作、结果正确 6. 操作熟练
	得分或扣分	1. 答错一问扣2分 2. 重要漏填，每处扣3分，不整洁扣2分 3. 不正确扣10分，不牢固扣2分 4. 判断错误扣5分，改正不完善扣2分 5. 操作错误扣5分，结果有误扣3分 6. 遗漏该项扣3分 7. 出现严重违反安全规定的操作，取消考试资格

行业：电力工程　　　　工种：电能表修校工　　　　等级：技师

编　　号	C02C035	行为领域	e	鉴定范围	6
考核时限	140min	题　型	C	题　分	40

试题正文	电能计量装置综合误差的测量及计算

需要说明的问题和要求	1. 本项作业要求现场完成对电能计量装置误差的测试（不包括电流互感器、电压互感器误差的测试，各电流互感器、电压互感器的误差由考评员现场给出）。电能计量装置采用三相三线有功电能表，电压互感器采用 Vv 接法，两只电流互感器采用分相接线。测试后能根据测试结果计算出电能计量装置的综合误差 2. 本项作业的完成时间为 2h 3. 测试中遵守有关安全规定

工具、材料、设备、场地	1. 现场电能计量装置一套 2. 电能表现场校验仪一台 3. TV 二次导线压降测试仪一台，测试导线若干 4. 第二类工作票 5. 计算器

评分标准		
	序号	项　目　名　称
	1	开工作票
	2	电能表误差的现场检定
	3	电压互感器二次回路压降测定
	4	电能计量装置综合误差的计算
	质量要求	1. 工作票填写规范、完整 2. 检定时接线正确，符合安规要求 3. 检定时接线正确，符合安规要求 4. 能根据题目所给的条件及实际测量结果，计算出计量装置的综合误差，并判断是否合格。计算时写明计算公式及基本计算过程
	得分或扣分	1. 填写不规范扣 5 分 2. 检定时接线错误扣 10 分，常数、量程等输入错误扣 5 分 3. 接线错误扣 10 分，操作不熟练扣 5 分 4. 互感器合成误差计算错误扣 10 分。互感器二次回路压降合成误差计算错误扣 10 分。电能计量装置综合误差计算错误扣 10 分

行业：电力工程　　　　工种：电能表修校工　　　　等级：高技

编　号	C01C036	行为领域	e	鉴定范围	5
考核时限	60min	题　型	C	题　分	30

试题正文	一个客户供电电压为110kV，变压器容量20 000kV·A，计量点在110kV，试为其进行电能计量装置选配
需要说明的问题和要求	1. 单独完成 2. 电能表的选择 3. 互感器的选择 4. 互感器的接线方式 5. 电流互感器二次回路导线截面的选择 6. 应按DL/T 448—2000《电能计量装置技术管理规程》要求进行选配
工具、材料、设备、场地	

	序号	项　目　名　称
评 分 标 准	1	电能表的选择
	2	电流互感器的选择
	3	电流互感器接线方式选择
	4	电压互感器的选择
	5	电压互感器接线方式的选择
	6	电流互感器二次回路导线截面的选择
	质量要求	1. 根据要求选择合理计量方式，正确选择电能表 2. 据负载情况选择合适的电流互感器 3. 正确选择电流互感器的接线方式 4. 据要求选择合适的电压互感器 5. 正确选择电压互感器的接线方式 6. 据电流互感器的额定值、接线方式及二次负载情况选择二次回路导线截面
	得分或扣分	每项选择不当酌情扣1～5分

行业：电力工程　　　　工种：电能表修校工　　　　等级：技、高技

编　号	C21C037	行为领域	f	鉴定范围	2
考核时限	120min	题　型	C	题　分	25

试题正文	编写建标技术报告

需要说明的问题和要求	1. 独立完成 2. 说明核查用标准器的要求后开始操作 3. 装置标准代码可以不填 4. 不确定度验证采用传递比较法，并提供核查用标准器的证书

工具、材料、设备、场地	1. 0 1级电子式三相电能表标准装置一台及其说明书（包括主标准器的说明书） 2. 核查用标准电能表一台 3. 空白建标技术报告一份

评 分 标 准		序号	项　目　名　称
		1	说明核查用标准器的量程范围及误差要求
		2	资料填写（前五项）
		3	不确定度分析
		4	计量标准的重复性测量
		5	总不确定度验证
	质量要求		1. 正确选择 2. 正确、无遗漏 3. 分析正确 4. 方法、计算正确 5. 方法、计算正确
	得分或扣分		1. 对量程范围或误差要求说错扣 3 分 2. 漏填、错填每项酌情扣 1～2 分 3. 分析错漏酌情扣 5～10 分 4. 方法占 3 分，计算占 2 分 5. 方法占 3 分，计算占 2 分

编　　号	C01C038	行为领域	e	鉴定范围	
考核时限	50min	题　　型	C	题　　分	20
试题正文	高压电能计量装置投运前检查验收				
需要说明的问题和要求	1. 独立完成 2. 按 DL/T 448—2000《电能计量装置技术管理规程》规定验收技术资料并进行现场核查 3. 口述验收试验项目及验收结果的处理 4. 注意安全				
工具、材料、设备、场地	1. 部分技术资料 2. 停电的 10kV 计量装置现场 3. 万用表等常用工具				

评分标准		序号	项　目　名　称
		1	验收技术资料
		2	现场核查
		3	口述验收试验项目
		4	口述验收结果的处理
	质量要求		1. 要求考评员提供完整、正确的技术资料 2. 核查项目完整，检查方法正确 3. 完整、正确 4. 完整、正确
	得分或扣分		1. 漏查一种重要技术资料扣 2 分 2. 漏查项目或检查方法不正确酌情扣 5～10 分 3. 错漏一项扣 3 分 4. 不完整、不正确各扣 3 分

试卷样例

中级电能表修校工知识要求试卷

一、选择题（每题 2 分，共 30 分，下列每题都有四个答案，其中只有一个正确答案，将正确答案的题号填入括号内）

1. 在电路中有电容元件存在，当通过电流时（　　）。

（A）放出无功功率；（B）吸收无功功率；（C）消耗有功功率；（D）放出有功功率。

2. 在计量装置的电压互感器和电流互感器的二次回路中（　　）熔断器。

（A）均装；（B）只电压二次回路装，电流二次回路不装；（C）只电流二次回路装，电压二次回路不装；（D）均不装。

3. 电流互感器一、二次绕组的电流 I_1、I_2 的方向相反时，这种极性关系称为（　　）。

（A）减极性；（B）加极性；（C）反极性；（D）正极性。

4. 当电流超过电流互感器的额定电流时，叫作电流互感器（　　）。

（A）过负荷运行；（B）满负荷；（C）低负荷运行；（D）额定负荷。

5. 电能表的转盘制作材料是（　　）。

（A）纯铝板；（B）铝合金；（C）硅钢片；（D）合金铜。

6. 电能表的工作频率改变时，对其（　　）。

（A）相角误差影响大；（B）幅值误差影响大；（C）相角误差和幅值误差有相同影响；（D）相角误差和幅值误差没有影响。

7. 对于能满足电能表各项技术要求的最大电流叫作（　　）。

（A）额定最大电流；（B）最大电流；（C）额定电流；

（D）标定电流。

8. 电流互感器相当于普通变压器（　　）运行状态。

（A）开路；（B）短路；（C）带负荷；（D）停运。

9. 某一电能计量装置的三只单相电压互感器为 Yy 接线方式，如果测量的二次电压值 U_{AB}=100V、U_{BC}=57.7V、U_{AC}=57.7V，此时可判断为（　　）。

（A）C 相电压互感器一次或二次极性反接；（B）电压互感器一次侧 C 相熔断器熔断；（C）电压互感器二次侧 C 相熔断器熔断；（D）条件不足，不能确定。

10. 0.5 级电流互感器在 5%额定电流时，其误差限的比差和角差为（　　）。

（A）±1.50%，±90′；（B）±0.75%，±45′；（C）±2.00%，±90′；（D）±0.50%，±45′。

11. 并线表和分线表的根本区别在于（　　）。

（A）内部结构；（B）计量原理；（C）端钮接线盒；（D）检定方式。

12. 当采用三相三线有功电能表测量三相四线电路中 B 相负载所消耗的有功电能时，所测量到的有功电能（　　）。

（A）为零；（B）多计量；（C）少计量；（D）有时多计量，有时少计量。

13. 检定 2.0 级感应式电能表时，要求其工作位置相对垂直位置允许偏差（　　）。

（A）0.5°；（B）1°；（C）2°；（D）3°。

14. 一般地讲，要求检定装置的综合误差与被试表的基本误差之比为（　　）。

（A）1:3～1:5；（B）1:5～1:10；（C）1:10～1:20；（D）1:5～1:15。

15. 电压互感器一、二次绕组匝数增大时，电压互感器的负载误差（　　）。

（A）增大；（B）减少；（C）不变；（D）有时增大，有时减少。

二、判断题（每题 2 分，共 30 分，判断下列描述是否正确，对的在括号内打"√"，错的在括号内打"×"）

1. 在电源内电路中，电流方向由正极指向负极，即高电位指向低电位。　　　　　　　　　　　　　　　　（　　）

2. 只要磁场与导体之间发生相对运动，或者说导体切割了磁力线，在导体内就有感应电动势。　　　　　　　（　　）

3.《中华人民共和国计量法》的实施日期是 1987 年 2 月 1 日。　　　　　　　　　　　　　　　　　　　（　　）

4. 若电阻真值为 1000Ω，计算结果为 1002Ω，则计量器具的准确等级为 0.2%。　　　　　　　　　　　　（　　）

5. 金属导体的电阻与环境温度有关。　　　　　（　　）

6. 在电流增加的过程中，自感电压的方向与电流方向相同。　　　　　　　　　　　　　　　　　　　　（　　）

7. 三相四线制电路中的中性线上不允许接熔丝或开关。　　　　　　　　　　　　　　　　　　　　　（　　）

8. 电能表的自热特性与其本身的功率消耗无关。（　　）

9. 对电能表固有的摩擦力矩的克服，属于调整补偿的问题。　　　　　　　　　　　　　　　　　　　（　　）

10. 电能表检定装置的误差是指装置在标称工作条件下的测量误差，由试验确定。　　　　　　　　　　（　　）

11. 电能表的工作电压改变时，会引起电压附加误差，当电压升高时，电压铁芯自制动力矩减少，呈现正误差。（　　）

12. 改善电能表过载误差特性的方法之一是给电压铁芯加磁分路。　　　　　　　　　　　　　　　　（　　）

13. 电压互感器的负载误差与二次负荷导纳的大小成正比。　　　　　　　　　　　　　　　　　　（　　）

14. 测量用互感器的检定周期为一年。　　　　（　　）

15. 电能表的运行寿命主要由永久磁铁的寿命确定。　　　　　　　　　　　　　　　　　　　　（　　）

三、简答题（每题 5 分，共 15 分）

1. 简述单相电能表的调整顺序。

2. 全电子式电能表有哪些特点?

3. 何谓内相角为 60° 三相三线无功电能表?

四、计算题（每题 5 分，共 10 分）

1. 某电力客户装有一块三相电能表,其铭牌注明与 500/5A 的电流互感器配套使用，因目前实际负荷电流小而改用了 200/5A 的电流互感器，若电能表抄录电量为 100kW·h，试计算该用户实际用电量为多少?若电价为 0.12 元/（kW·h），该用户应缴纳多少元?

2. 如图 1 所示，已知 U_{AB}=6V，求电流 I 及 R_{AB}。

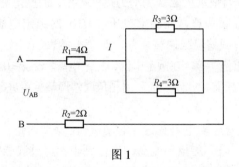

图 1

五、绘图题（5 分）

画出电压互感器 Vv 型接线图。

六、论述题（10 分）

简述改善电能表宽负载特性的措施。

中级电能表修校工知识要求试卷答案

一、选择题

1.（A）; 2.（B）; 3.（A）; 4.（A）; 5.（A）; 6.（A）; 7.（A）; 8.（B）; 9.（A）; 10.（A）; 11.（C）; 12.（A）; 13.（B）; 14.（A）; 15.（A）。

二、判断题

1.（×）；2.（√）；3.（×）；4.（×）；5.（√）；6.（×）；7.（√）；8.（×）；9.（√）；10.（√）；11.（×）；12.（×）；13.（√）；14.（×）；15.（×）。

三、简答题

1. 答：单相电能表一般合理的调整顺序应该是：

（1）调整前对内部元件的装配和清洁情况先进行必要的检查。

（2）调整，即在电压线路加额定电压、电流线路不通电流的情况下，调整轻载调整装置，使电能表转盘在远离防潜装置的位置时向正方向蠕动。

（3）全负载调整，即在额定电压、标定电流、$\cos\phi=1$ 的情况下，利用调整永久磁铁制动力矩的办法，调整电能表的误差。

（4）轻载调整，在额定电压、1/10 的标定电流、$\cos\phi=1$ 的情况下，调整轻载调整装置，改变电能表的误差。

（5）相位调整，在额定电压、标定电流、$\cos\phi=0.5$ 滞后（必要时还要在超前）的情况下，利用相角误差调整装置进行误差调整。

（6）误差试验。

（7）检查起动电流及进行潜动试验，必要时进行防潜调整。

2. 答：（1）测量精度高，工作频带宽，过载能力强。

（2）本身功耗比感应式电能表低。

（3）由于可将测量值（脉冲）输出，故可进行远方测量。

（4）引入单片微机后，可实现功能扩展，制成多功能和智能电能表等。

3. 答：这种电能表的每个电压线圈串接一个附加电阻 R_1，并加大电压铁芯非工作磁通中的空气间隙，用来降低电压线圈的电感量，使电压 U 与它产生的工作磁通 Φ_U 间的相角 β 减少，从而使内相角 $\beta-\alpha=60°$，故把它叫作内相角为 60° 的无功电能表。

四、计算题

1. 解：（1）求实际用电量：$W_1 = \dfrac{100 \times 200/5}{500/5} = 40$（kW·h）。

（2）求电费：40×0.12=4.8（元）

答：该客户实际用电量为 40kW·h，应缴电费 4.8 元。

2. 解：$R_{34} = \dfrac{R_3 \times R_4}{R_3 + R_4} = \dfrac{3 \times 3}{3 + 3} = \dfrac{9}{6} = 1.5$（Ω）

$$R_{AB} = R_1 + R_{34} + R_2 = 4 + 1.5 + 2 = 7.5 \ （Ω）$$

$$I = \frac{U_{AB}}{R_{AB}} = \frac{6}{7.5} = 0.8 \ （A）$$

答：R_{AB} 等于 7.5Ω；电流 I 等于 0.8A。

五、绘图题

电压互感器的 Vv 型接线图见图 2 所示。

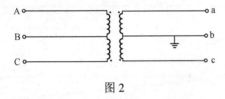

图 2

六、论述题

答：现代电能表发展的方向之一就是向宽负载发展。改善轻载特性，除了减小摩擦力矩之外，主要的是减小电流铁芯的非线性影响，封闭型和半封闭型铁芯结构，都能改善这种影响。

改善过载特性的办法主要有以下三种措施：

（1）增加永久磁铁的剩磁感应强度，以降低转盘的额定转速。

（2）相对于电流工作磁能，增加电压元件产生的磁通。

（3）在电流铁芯上加磁分路，使磁分路在电流磁通增加时，其铁芯饱和得比电流铁芯快。

中级电能表修校工技能要求试卷

一、对一只单相复费率电能表进行综合抄读（20 分）

二、清洁、组装、调整一只三相三线有功电能表（40 分）

三、现场检验一只高压表，并判断接线正误（40 分）

中级电能表修校工技能要求试卷答案

一、答：操作见下表

编　号	C04A001	行为领域	e	鉴定范围	
考核时限	30min	题　型	A	题　分	20
试题正文	对一只单相复费率电能表进行综合抄读				
需要说明的问题和要求	要求用手掌机抄出表号、费率时段、表内时钟、平谷段电量等				
工具、材料、设备、场地	1. 单相复费率电能表一只 2. 对应的手掌机一只 3. 单相电能表检定装置一台				

评 分 标 准	序号	项　目　名　称			
	1	电能表接线通电			
	2	抄收并将抄读结果记录到纸上			
	质量 要求	1. 正确接线 2. 抄读参数完整、正确			
	得分或 扣分	1. 操作正确，10 分 2. 抄读正确，10 分，抄读错漏一项扣 2.5 分			

二、答：操作见下表

编　号	C04B002	行为领域	e	鉴定范围	2
考核时限	70min	题　型	B	题　分	40
试题正文	清洁、组装、调整一只三相三线有功电能表				
需要说明的问题和要求	1. 依次完成清洁、组装、调整 2. 调整完毕，只要求任选五点校验误差，满足要求即可 3. 自带工具、独立完成				
工具、材料、设备、场地	1. 完整的三相三线有功表（2.0 级）解体件一套 2. 表油、器皿、台灯、工作台 3. 三相电能表检定装置一台 4. 检定原始记录纸				

	序号	项 目 名 称
	1	清洁三相三线有功电能表（已拆卸）
	2	组装三相三线有功电能表
	3	调整三相三线有功电能表
评	4	任选五点校验误差
分 标 准	质量 要求	1. 清除螺钉上毛刺、元件上灰尘，相应轴眼点油 2. 组装位置正确，螺丝紧固，无擦盘、卡字、跳字 3. 调整顺序正确，将电能表误差调至最小 4. 要求五点误差均合格，作好记录并化整
	得分或 扣分	1. 清洁不全面、油量不适中各扣 2 分 2. 零件缺少或多出扣 3 分，转盘、计度器、永久磁铁、电磁元件各处安装不当各扣 3 分 3. 调整顺序不正确扣 10 分，不会调整扣 15 分 4. 有违反检定规程的地方一处扣 3 分，误差一点不合格扣 5 分，化整一处错误扣 2 分，全题扣完为止

三、答：操作见下表

编 号	C04C003	行为领域	e	鉴定范围	5
考核时限	50min	题 型	C	题 分	40
试题正文	现场检验一只高压表，并判断接线正误				
需要说明的问题和要求	1. 在模拟屏上操作，由考评员设置一种错误接线 2. 开工作票后开始误接线检查 3. 先更正错接线再校验误差，并作好现场记录 4. 全过程严格遵守安规，由考评员监护。严重违反安规者取消考试资格				
工具、材料、设备、场地	1. 运行中的三相三线有功电能表一只 2. 现场校验设备一套 3. 提供工作票、原始记录纸等 4. 工具、万用表自带 5. 现场条件满足检验要求				

	序号	项 目 名 称
评分标准	1	叙述满足现场检验的条件
	2	填写第二类工作票
	3	判断接线正误
	4	更正错误接线
	5	现场校验电能表并作好记录
	6	封表、消票
	质量要求	1. 叙述完整、正确 2. 填写完整、正确 3. 判断迅速、准确 4. 操作熟练、正确 5. 方法、结论正确，记录全面 6. 正确完成
	得分或扣分	1. 重要条件叙述遗漏、错误，每条扣 4 分 2. 操作票涂改、不完整，酌情扣 1～4 分 3. 判断错误扣 10 分 4. 操作错误扣 10 分 5. 方法有误扣 15 分，记录不全酌情扣 1～4 分 6. 未加封扣 5 分，未消票扣 5 分，全题扣完为止

6 组卷方案

6.1 理论知识考试组卷方案

技能鉴定理论知识试卷每卷不应少于五种题型，其题量为45～60题（试卷的题型与题量的分配，参照附表）。

试卷的题型与题量分配（组卷方案）表

题　型	鉴定工种等级		配　分	
	初级、中级	高级工、技师	初级、中级	高级工、技师
选择	20题（1～2分/题）	20题（1～2分/题）	20～40	20～40
判断	20题（1～2分/题）	20题（1～2分/题）	20～40	20～40
简答/计算	6题（5分/题）	5题（5分/题）	30	25
绘图/论述	1题（5分/题） 1题（10分/题）	1题（5分/题） 2题（10分/题）	5	2
总计	45～55题	47～60题	100	100

高级技师的试卷，可根据实际情况参照技师试卷命题，综合性、论述性的内容比重加大。

6.2 技能操作考核方案

对于技能操作试卷，在库内每一个工种的各技术等级下，应最少保证有5套试卷（考核方案），每套试卷应由2～3项典型操作或标准化作业组成，其选项内容互为补充，不得重复。

技能操作考核由实际操作与口试或技术答辩两项内容组成。初、中级工实际操作加口试进行。技术答辩一般只在高级工、技师、高级技师中进行，并根据实际情况确定其组成方式和答辩内容。